Lösungen Mathe-Stars 1

(zum Heraustrennen die mittlere Klammer lösen)

①

Wie viele sind es?

	卌 I	6
	III	3
	II	2
	卌 II	7
	卌	5

	IIII	4
	卌 III	8
	卌 卌	10
	卌 卌 I	11
	卌 IIII	9

②

Kreuze an ☒.

① Was liegt unter ?

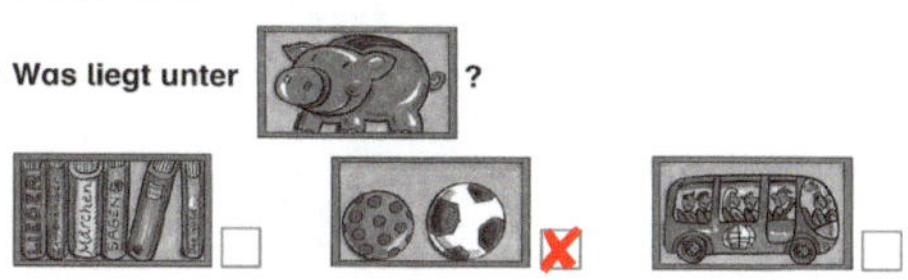

② Was liegt unter ?

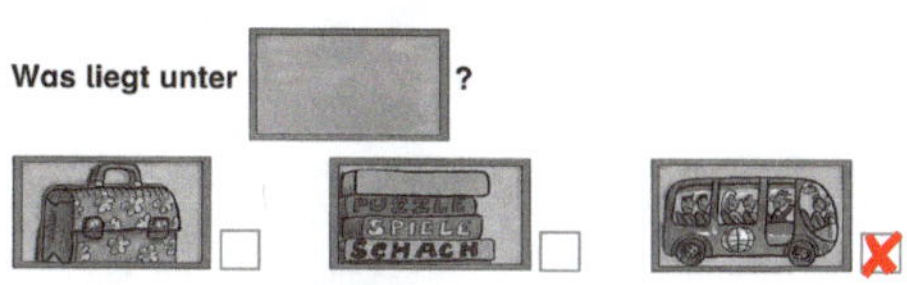

③ Was liegt über ?

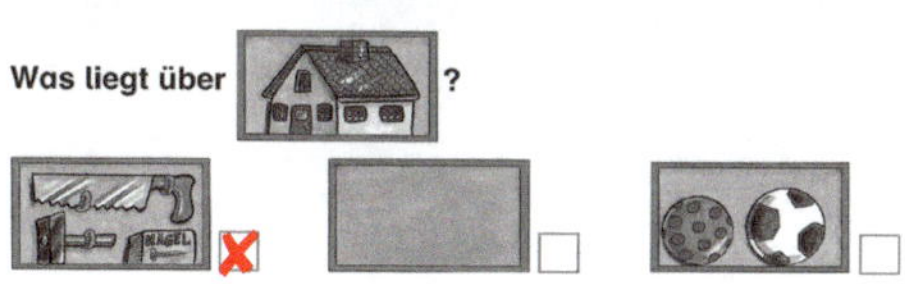

④ Was liegt über ?

⑤ Was liegt zwischen und ?

⑥ Was liegt links neben ?

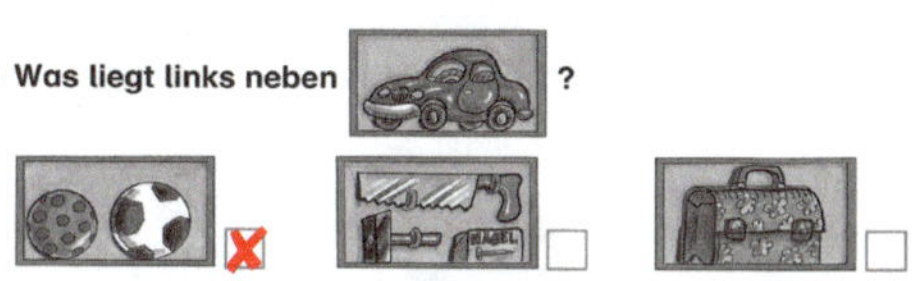

⑦ Was liegt rechts neben ?

①

5 3 6 4 2 1

②

8 7 9

10 8 9

③

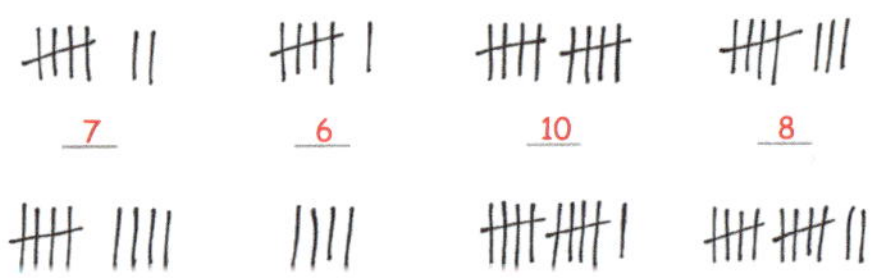

7 6 10 8

9 4 11 12

④

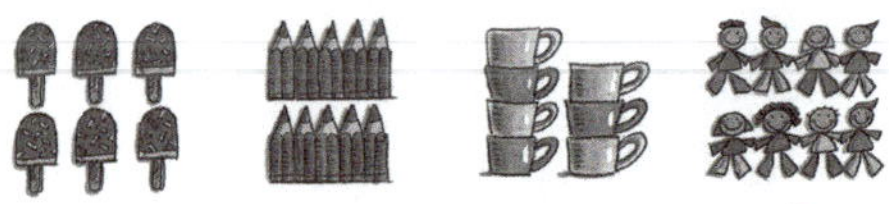

6 10 7 8

⑤ **Verbinde mit dem richtigen Schlüssel.**

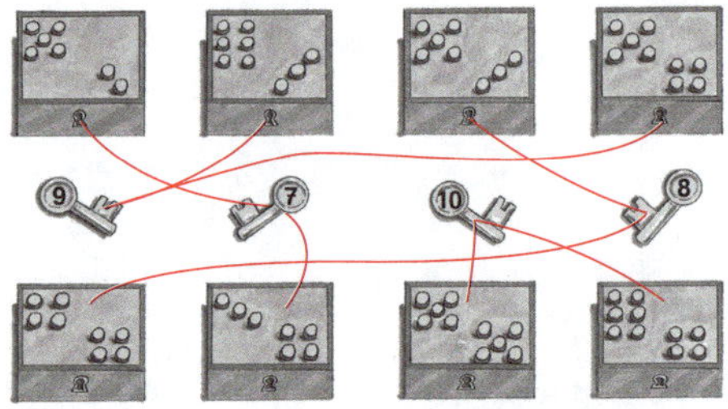

⑥

① **Wie viele sind es?**

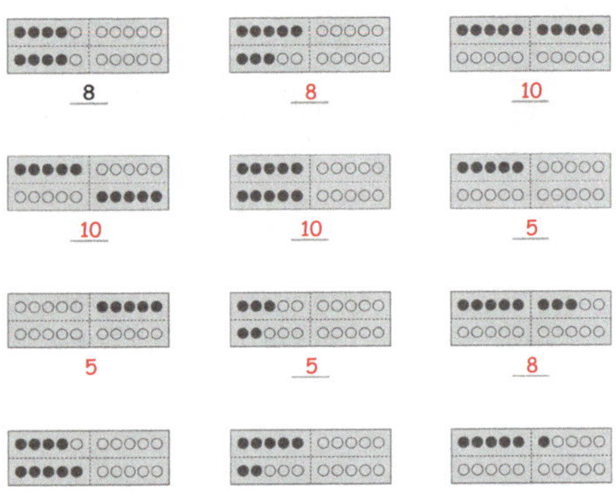

8 8 10

10 10 5

5 5 8

9 7 6

② **Wie viele sind versteckt?**

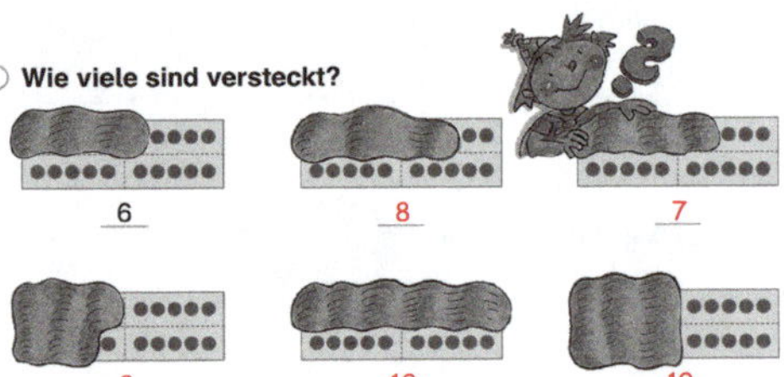

6 8 7

9 10 10

③ **Kreise farbig ein.**

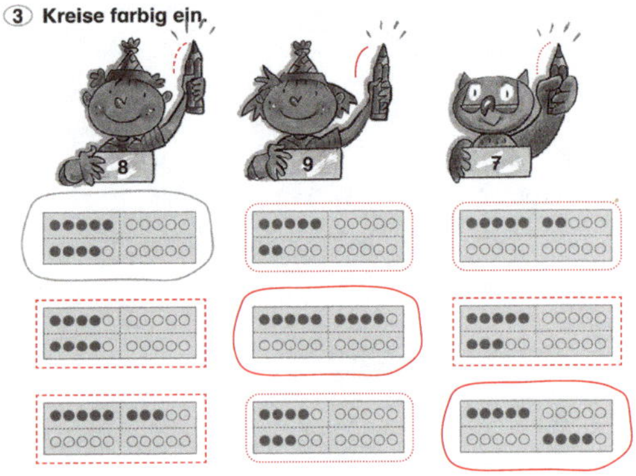

Für Mathe-Super-Stars!

④ **Mehr als 10.**
Wie viele sind es? 14 15 20 16 12 13

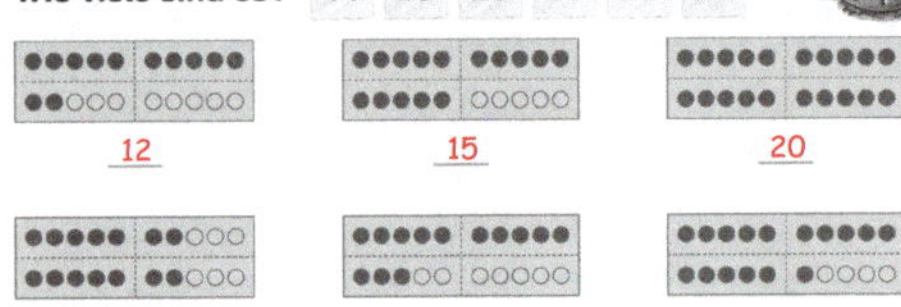

12 15 20

14 13 16

①

Immer 7. 4 + 3.

7	8	9
4 + 3	4 + 4	5 + 0
1 + 6	5 + 3	3 + 6
2 + 5	7 + 1	4 + 5
5 + 2	2 + 6	1 + 8

②

5	4	6
2 + 3	3 + 1	2 + 4
4 + 1	2 + 2	4 + 2
1 + 4	1 + 3	5 + 1
3 + 2	0 + 4	3 + 3

Ich schüttele. Ich schreibe auf.

③ 10

5 + 5	1 + 9
4 + 6	9 + 1
2 + 8	7 + 3
6 + 4	2 + 8

④ 10

0 + 10
1 + 9
2 + 8
3 + 7
4 + 6
5 + 5
6 + 4
7 + 3
8 + 2
9 + 1
10 + 0

Die Zerlegung der 10 solltest du ganz besonders üben.

⑤

9	7	8
6 + 3	1 + 6	6 + 2
0 + 9	6 + 1	1 + 7
7 + 2	7 + 0	3 + 5
4 + 5	5 + 2	8 + 0

① **Vergleiche die Türme: <, > oder =.**

7 > 5 6 < 7 5 = 5 7 > 6

② **Zeichne die Türme fertig. Setze ein: < > =.**

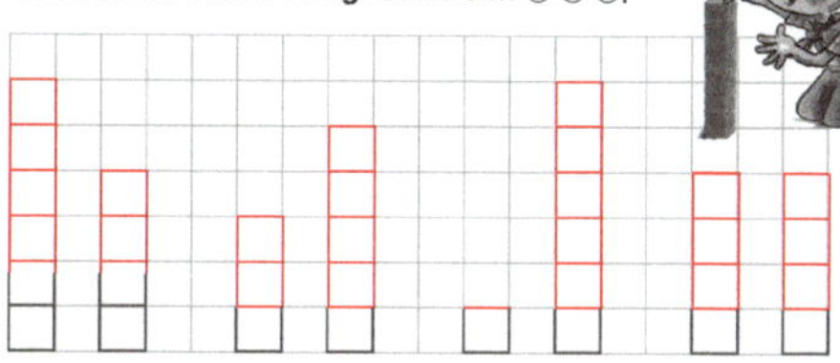

6 > 4 3 < 5 1 < 6 4 = 4

③ **Vergleiche: < > =.**

4 < 7	2 < 8	8 > 7
6 > 3	7 = 7	8 < 9
9 > 1	3 < 9	9 > 6
0 < 10	6 > 5	10 > 0

④ **Welche Zahlen passen? Male sie an.**

___ < 7: 3 8 6 2

___ < 9: 10 8 6 1

___ > 5: 3 2 8 6

⑤ **Male alle passenden Felder aus.** ___ > 3

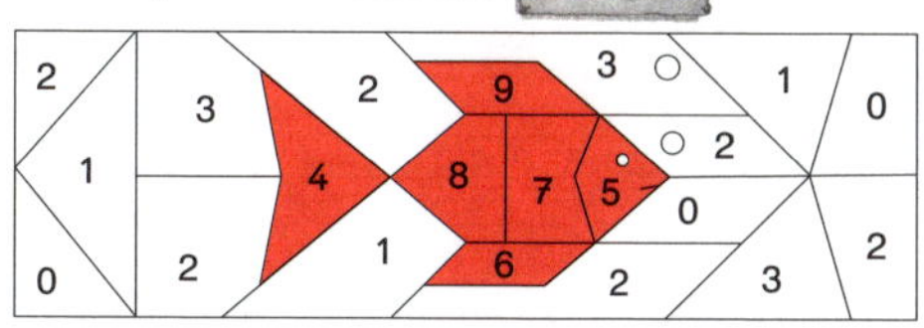

⑥ **Streiche alle Zahlen durch, die nicht passen.**

___ < 4: 1 2 3 ~~4~~ ~~5~~ ~~6~~ ~~7~~ ~~8~~ ~~9~~ ~~10~~

7 > ___: 1 2 3 4 5 6 ~~7~~ ~~8~~ ~~9~~ ~~10~~

5 > ___: 1 2 3 4 ~~5~~ ~~6~~ ~~7~~ ~~8~~ ~~9~~ ~~10~~

7 **Welche Zahlen passen? Male sie an.**

Für Mathe-Super-Stars!

4 < ___ < 10

① **Kreuze an ☒.**

Max steht ☐ vor ☐ hinter ☒ zwischen Waldi und Dirk.

Max, Dirk und Laura stehen ☒ vor ☐ hinter ☐ neben den Eltern.

Oma, Opa und Tante Marie stehen ☐ vor ☒ hinter ☐ neben den Eltern.

②

Laura sehe ich ☒ rechts ☐ links von Dirk.

Papa sehe ich ☐ rechts ☒ links von Mama.

Dirk sehe ich ☒ rechts ☐ links von Max.

Oma sehe ich ☐ rechts ☒ links von Opa.

3 Zwischen Opa und Max steht Papa.
Zwischen Waldi und Laura sind Max und Dirk. Alle auf dem Bild schauen zu dir, nur Waldi sieht zur Seite.

① **Wie heißen die Rechnungen?**

a)

3 + 4 = 7

4 + 4 = 8

5 + 2 = 7

b)

5 + 3 = 8   1 + 4 = 5   7 + 2 = 9

6 + 1 = 7   8 + 2 = 10   4 + 0 = 4

②

2 + 3 = 5	3 + 1 = 4	5 + 1 = 6
2 + 4 = 6	3 + 2 = 5	5 + 2 = 7
2 + 5 = 7	3 + 3 = 6	5 + 3 = 8
2 + 6 = 8	3 + 4 = 7	5 + 4 = 9
2 + 7 = 9	3 + 5 = 8	5 + 5 = 10

③ **Male und rechne.**

a)

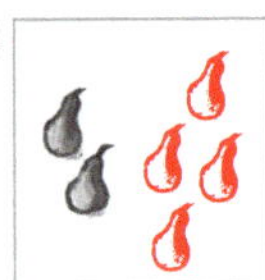

2 + 4 = 6

6 + 3 = 9

3 + 5 = 8

b)

z. B. 4 + 2 = 6   z. B. 3 + 6 = 9   z. B. 5 + 4 = 9

z. B. 2 + 6 = 8   z. B. 9 + 1 = 10   z. B. 7 + 2 = 9

④

4 + 0 = 4	1 + 1 = 2	6 + 3 = 9
4 + 2 = 6	1 + 0 = 1	6 + 4 = 10
4 + 4 = 8	1 + 4 = 5	6 + 0 = 6
4 + 6 = 10	1 + 8 = 9	6 + 1 = 7
4 + 5 = 9	1 + 7 = 8	6 + 2 = 8

① **Schreibe immer 2 Aufgaben.**

3 + 2 = 5
2 + 3 = 5

6 + 4 = 10
4 + 6 = 10

1 + 5 = 6
5 + 1 = 6

4 + 3 = 7
3 + 4 = 7

2 + 1 = 3
1 + 2 = 3

5 + 4 = 9
4 + 5 = 9

② **Rechne und schreibe die Tauschaufgabe.**

2 + 5 = 7
5 + 2 = 7

6 + 4 = 10
4 + 6 = 10

3 + 6 = 9
6 + 3 = 9

7 + 1 = 8
1 + 7 = 8

4 + 2 = 6
2 + 4 = 6

5 + 0 = 5
0 + 5 = 5

1 + 8 = 9
8 + 1 = 9

4 + 5 = 9
5 + 4 = 9

0 + 9 = 9
9 + 0 = 9

3 **Für Mathe-Super-Stars!**

3 + 1 + 5 = 9
1 + 3 + 5 = 9
1 + 5 + 3 = 9

3 + 5 + 1 = 9
5 + 1 + 3 = 9
5 + 3 + 1 = 9

① **Ergänze, was fehlt.**

+4	+5	+6	+7
0 + 4 = 4	0 + 5 = 5	0 + 6 = 6	0 + 7 = 7
1 + 4 = 5	1 + 5 = 6	1 + 6 = 7	1 + 7 = 8
2 + 4 = 6	2 + 5 = 7	2 + 6 = 8	2 + 7 = 9
3 + 4 = 7	3 + 5 = 8	3 + 6 = 9	3 + 7 = 10
4 + 4 = 8	4 + 5 = 9	4 + 6 = 10	
5 + 4 = 9	5 + 5 = 10		
6 + 4 = 10			

② **Ausschnitte aus anderen Türmen**

+3	+8	+2	+1
3 + 3 = 6	0 + 8 = 8	6 + 2 = 8	4 + 1 = 5
4 + 3 = 7	1 + 8 = 9	7 + 2 = 9	5 + 1 = 6
5 + 3 = 8	2 + 8 = 10	8 + 2 = 10	6 + 1 = 7

③ **1 Aufgabe – 4 Nachbarn**

2 + 5 = 7
3 + 4 = 7 | 3 + 5 = 8 | 3 + 6 = 9
4 + 5 = 9

① **Wie heißen die Rechnungen?**

8 − 2 = 6
7 − 4 = 3
4 − 2 = 2

②

6 − 4 = 2
9 − 3 = 6
7 − 2 = 5

10 − 6 = 4
8 − 6 = 2
9 − 5 = 4

7 − 4 = 3
9 − 4 = 5
10 − 3 = 7

③

9 − 2 = 7	7 − 7 = 0	5 − 0 = 5
9 − 3 = 6	7 − 6 = 1	5 − 1 = 4
9 − 4 = 5	7 − 5 = 2	5 − 2 = 3
9 − 5 = 4	7 − 4 = 3	5 − 3 = 2
9 − 6 = 3	7 − 3 = 4	5 − 4 = 1

④ **Wie heißen die Aufgaben?**

9 − 7 = 2
7 − 3 = 4
6 − 5 = 1

⑤ **Zeichne und rechne.**

z.B. 5 − 2 = 3
z.B. 10 − 7 = 3
z.B. 8 − 4 = 4

z.B. 6 − 1 = 5
z.B. 9 − 6 = 3
z.B. 7 − 5 = 2

z.B. 10 − 6 = 4
z.B. 8 − 6 = 2
z.B. 9 − 0 = 9

⑥

8 − 7 = 1	6 − 5 = 1	10 − 6 = 4
8 − 5 = 3	6 − 2 = 4	10 − 9 = 1
8 − 3 = 5	6 − 6 = 0	10 − 7 = 3
8 − 1 = 7	6 − 4 = 2	10 − 4 = 6
8 − 0 = 8	6 − 3 = 3	10 − 5 = 5

① **Ergänze, was fehlt.**

−4	−5	−6	−7
4 − 4 = 1	5 − 5 = 0	6 − 6 = 0	7 − 7 = 0
5 − 4 = 2	6 − 5 = 1	7 − 6 = 1	8 − 7 = 1
6 − 4 = 3	7 − 5 = 2	8 − 6 = 2	9 − 7 = 2
7 − 4 = 4	8 − 5 = 3	9 − 6 = 3	10 − 7 = 3
8 − 4 = 5	9 − 5 = 4	10 − 6 = 4	
9 − 4 = 6	10 − 5 = 5		
10 − 4 = 7			

② **Ausschnitte aus anderen Türmen**

−8	−2	−3	−6
8 − 8 = 0	4 − 2 = 2	7 − 3 = 4	8 − 6 = 2
9 − 8 = 1	5 − 2 = 3	8 − 3 = 5	9 − 6 = 3
10 − 8 = 2	6 − 2 = 4	9 − 3 = 6	10 − 6 = 4

③ **1 Aufgabe – 4 Nachbarn**

7 − 5 = 2

8 − 4 = 4 | 8 − 5 = 3 | 8 − 6 = 2

9 − 5 = 4

Die Nachbarn findest du oben in den Türmen.

① **Welcher Ball gehört in welchen Korb? Verbinde.**

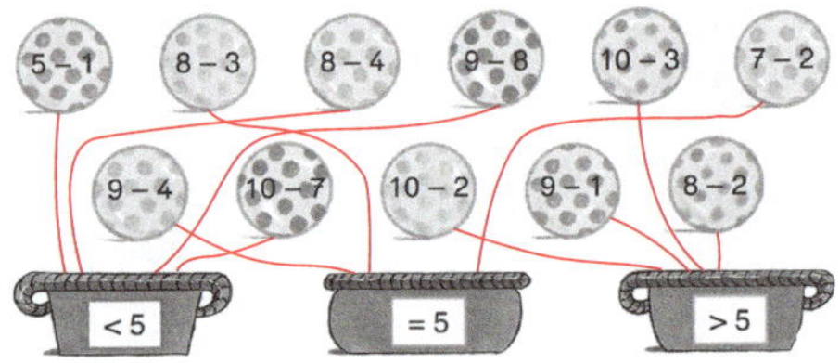

② < > =

8 − 5 < 4	7 − 4 < 5	9 − 5 < 7
6 − 3 = 3	5 − 2 = 3	6 − 2 > 1
9 − 2 > 5	8 − 1 = 7	7 − 5 > 0
10 − 6 > 2	4 − 3 < 2	3 − 3 = 0

③ **Gleiches Ergebnis – gleiche Farbe**

10 − 0 (1)	4 + 2 (3)	9 − 1 (2)	10 − 4 (3)	7 + 3 (1)
5 + 3 (2)	7 − 2 (4)	9 + 1 (1)	9 − 4 (4)	10 − 2 (2)

4 < > =

Für Mathe-Super-Stars!

8 − 3 < 6 + 1 | 4 + 2 < 10 − 3

2 + 5 = 9 − 2 | 7 − 4 > 8 − 6

Setze fort.

① **Streiche durch, was nicht in den Sack gehört.**

② **Fahre nach.** △ grün, ○ rot, □ blau

Hüpfen auf dem Zahlenstrahl

① **Wie heißt die Zielzahl?**

3 (+6) = 9

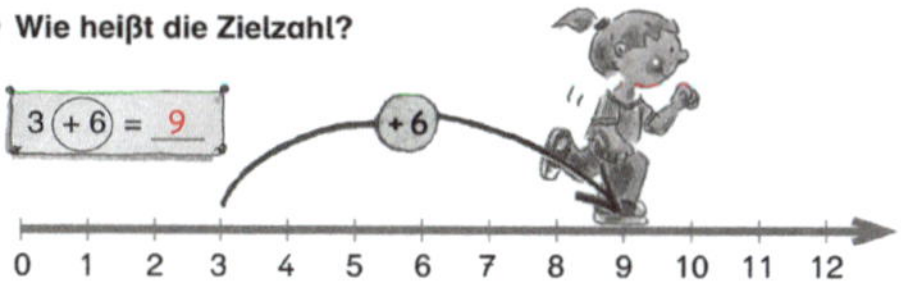

2 (+4) = 6 | 8 (+2) = 10 | 7 (+3) = 10
6 (+2) = 8 | 9 (+1) = 10 | 4 (+2) = 6

1 (+5) = 6 | 0 (+5) = 5 | 8 (+1) = 9
3 (+7) = 10 | 5 (+3) = 8 | 6 (+1) = 7

②

7 (−3) = 4

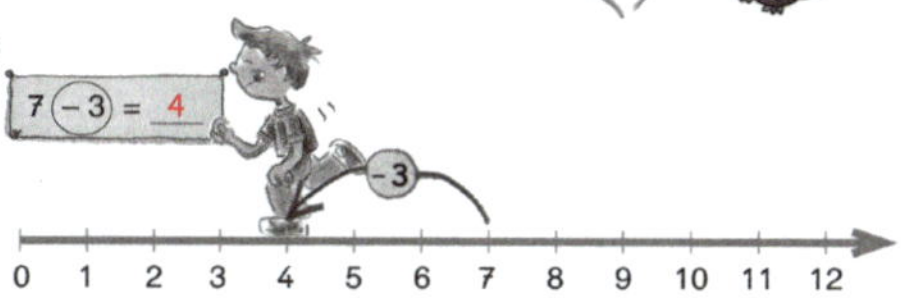

8 (−4) = 4 | 6 (−3) = 3 | 3 (−1) = 2
5 (−4) = 1 | 4 (−0) = 4 | 5 (−3) = 2

10 (−2) = 8 | 9 (−5) = 4 | 8 (−3) = 5
8 (−6) = 2 | 7 (−6) = 1 | 9 (−2) = 7

③ **Wie wurde gehüpft?**

6 (+ 2) = 8 | 5 (− 3) = 2 | 1 (− 1) = 0
4 (+ 6) = 10 | 6 (− 5) = 1 | 7 (− 4) = 3

④ **Wie heißt die Startzahl?**

6 (+2) = 8 | 8 (−1) = 7 | 9 (−4) = 5
4 (+1) = 5 | 5 (−4) = 1 | 8 (−6) = 2
7 (+3) = 10 | 7 (−3) = 4 | 1 (+3) = 4
3 (+6) = 9 | 7 (−2) = 5 | 2 (+8) = 10

⑤ **Hüpfe vor und wieder zurück.**

6 (+4) = 10
10 (−4) = 6

Das ist die Umkehraufgabe!

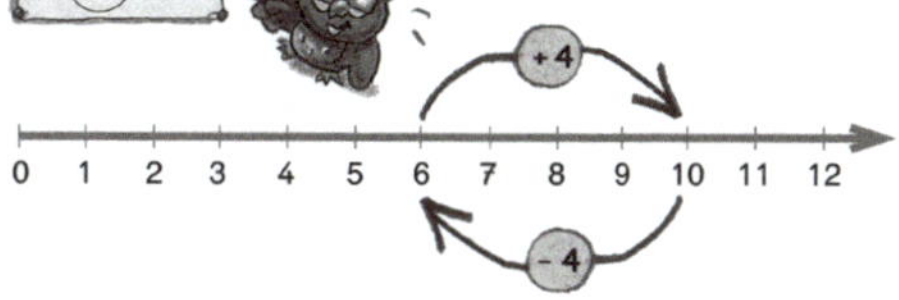

3 (+2) = 5 | 8 (+1) = 9 | 2 (+5) = 7
5 (−2) = 3 | 9 (−1) = 8 | 7 (−5) = 2

4 (+5) = 9 | 1 (+7) = 8 | 5 (+3) = 8
9 (−5) = 4 | 8 (−7) = 1 | 8 (−3) = 5

Vorher – nachher

3 —(+2)→ 5

① **Zaubere in der gleichen Maschine.**

+2	
3	5
4	6
6	8
2	4

+2	
7	9
1	3
8	10
5	7

② **Zaubere in anderen Maschinen.**

+3	
2	5
5	8
7	10
3	6

−4	
10	6
4	0
8	4
7	3

③ **Wie heißt die Vorschrift?**

+1	
3	4
8	9
9	10
1	2

−7	
9	2
8	1
7	0
10	3

+6	
4	10
3	9
0	6
2	8

+0	
5	5
8	8
3	3
0	0

3 Zahlen – 4 Aufgaben

① **Finde zu den Zahlen auf den Karten alle 4 Aufgaben.**

Karten: 5 2 7
5 + 2 = 7
2 + 5 = 7
7 − 2 = 5
7 − 5 = 2

Karten: 1 7 8
1 + 7 = 8
7 + 1 = 8
8 − 1 = 7
8 − 7 = 1

Karten: 6 3 9
6 + 3 = 9
3 + 6 = 9
9 − 3 = 6
9 − 6 = 3

Karten: 4 7 3
4 + 3 = 7
3 + 4 = 7
7 − 3 = 4
7 − 4 = 3

Karten: 2 10 8
2 + 8 = 10
8 + 2 = 10
10 − 8 = 2
10 − 2 = 8

Karten: 9 4 5
4 + 5 = 9
5 + 4 = 9
9 − 4 = 5
9 − 5 = 4

② **Für Mathe-Super-Stars! Welche Zahl fehlt?**

Karten: 3 ? 5

Achtung: Hier gibt es 2 Möglichkeiten!

3 + 2 = 5
2 + 3 = 5
5 − 3 = 2
5 − 2 = 3

5 + 3 = 8
3 + 5 = 8
8 − 3 = 5
8 − 5 = 3

Erzähle.
Verbinde Rechnung und Bild.
Rechne.

8 − 3 = 5

2 + 5 = 7

2 + 4 = 6

6 + 3 = 9

6 − 3 = 3

5 − 1 = 4

① **Vorderseite – Rückseite. Was gehört zusammen? Verbinde.**

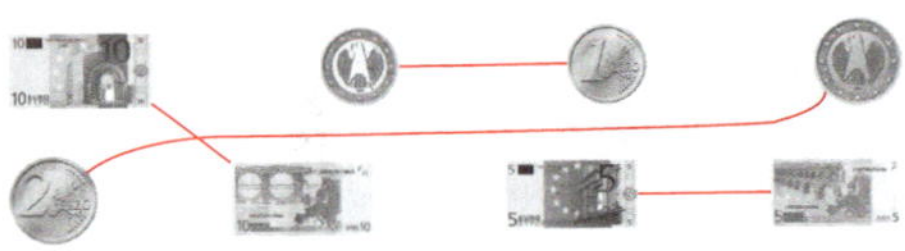

② **Wie viel Geld ist es?**

7 € 8 € 3 €

③ **Ergänze auf 10 €.**
Wie viel Geld fehlt?

5 € 2 € 6 €

④ **Wechsele in Schein oder Münze.**

= 2 €

= 5 €

= 10 €

⑤ **In welche Münzen wurde gewechselt?**

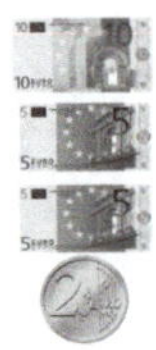

= 2 € 2 € 2 € 2 € 2 €
= 2 € 2 € 1 €
= 2 € 1 € 1 € 1 €
= 1 € 1 €

⑥ **Vergleiche: < > =.**

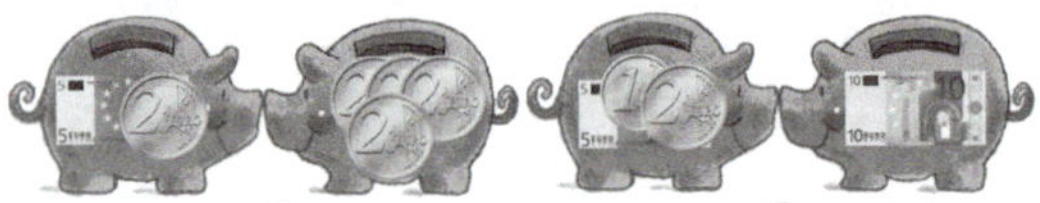

7 € < 8 € 8 € < 10 €

⑦ **Rechne.**

2 € + 3 € = 5 €	10 € − 5 € = 5 €
5 € + 4 € = 9 €	5 € − 2 € = 3 €
4 € + 2 € = 6 €	6 € − 3 € = 3 €
8 € + 1 € = 9 €	8 € − 7 € = 1 €

⑧ 4 € + 3 € + 2 € + 1 € = 10 €
5 € + 2 € + 1 € + 2 € = 10 €
1 € + 3 € + 5 € = 9 €
4 € + 2 € + 2 € = 8 €

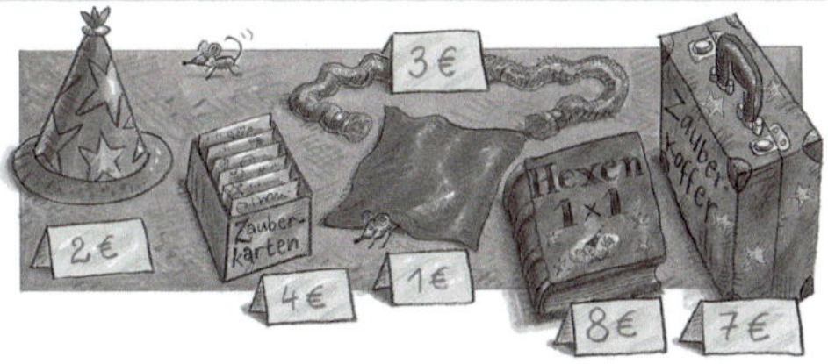

① **Wie viel müssen die Kinder bezahlen?**

Jonathan kauft: 2 € + 4 € = 6 €	Katharina kauft: 1 € + 8 € = 9 €	Florian kauft: 3 € + 7 € = 10 €
Anna kauft: 3 € + 2 € = 5 €	Pia kauft: 4 € + 1 € = 5 €	Carolin kauft: 1 € + 3 € = 4 €

② **Wofür bezahlst du 6 €?**
Kreuze an ✗.

- ☐
- ☐
- ✗

③ **Wofür bezahlst du 7 €?**
Kreuze an ✗.

- ☐
- ✗
- ☐

③ **Wie viel bekommst du zurück?**

Ich kaufe:	Ich gebe:	Rückgeld:
	10 €	10 € - 8 € = 2 €
	5 €	5 € - 4 € = 1 €
	5 €	5 € - 2 € = 3 €
	5 €	5 € - 3 € = 2 €
	2 €	2 € - 1 € = 1 €

④ Magdalena kauft die Zauberkarten. Sie bezahlt mit einem 10-€-Schein.

Wie viel bekommt sie zurück? 10 € - 4 € = 6 €

Sie bekommt 6 € zurück.

⑤ **Kaufe mehrere Dinge.**

Ich kaufe:	Ich gebe:	Rückgeld:
	10 €	10 € - 7 € - 2 € = 1 €
	5 €	5 € - 1 € - 1 € - 3 € = 0 €
	10 €	10 € - 4 € - 4 € - 1 € = 1 €

Erzähle zu den Bildern.
Verbinde die Rechnung mit dem passenden Bild.

①

5 + 5 = 10

②

6 – 1 = 5

③

4 + 4 = 8

④

8 – 2 = 6

Für Mathe-Super-Stars!

5 Schreibe für jedes übrige Bild die passende Rechnung.

① 5 + 2 = 7
③ 3 + 3 = 6
② 8 - 2 = 6
④ 6 - 2 = 4

① **Welcher Wohnwagen gehört zu welchem Auto? Verbinde.**

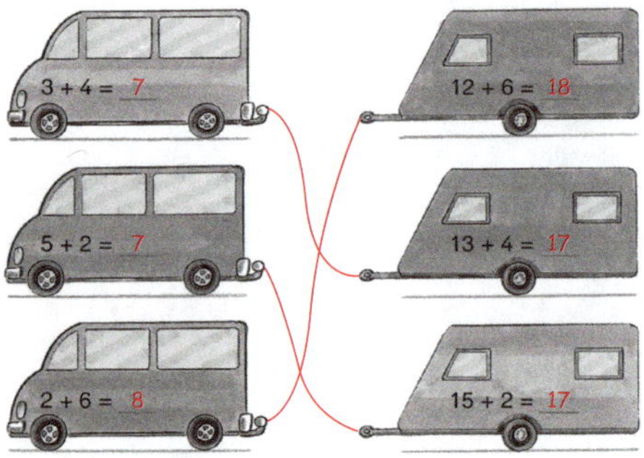

② **Schreibe die kleine Aufgabe dazu. Rechne.**

14 + 3 = 17	4 + 3 = 7	11 + 8 = 19	1 + 8 = 9
12 + 5 = 17	2 + 5 = 7	13 + 7 = 20	3 + 7 = 10
15 + 4 = 19	5 + 4 = 9	17 + 3 = 20	7 + 3 = 10

③ **Denke an die kleine Aufgabe.**

16 + 2 = 18	15 + 3 = 18	11 + 6 = 17	14 + 3 = 17
12 + 6 = 18	18 + 2 = 20	15 + 4 = 19	12 + 7 = 19
13 + 4 = 17	14 + 5 = 19	17 + 2 = 19	16 + 4 = 20

④ **Verbinde.**

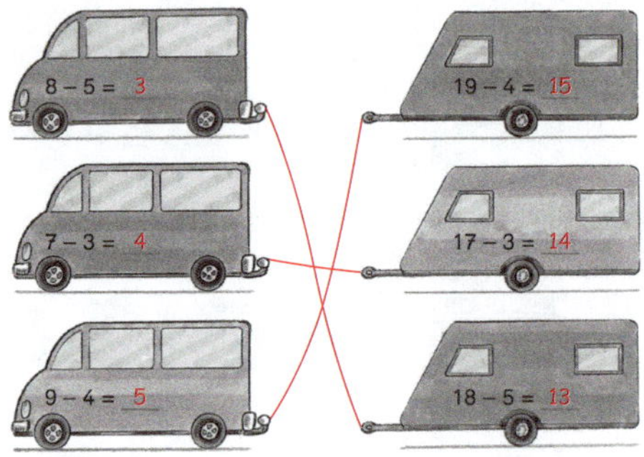

⑤ **Schreibe die kleine Aufgabe dazu. Rechne.**

14 − 3 = 11	4 − 3 = 1	19 − 5 = 14	9 − 5 = 4
15 − 2 = 13	5 − 2 = 3	17 − 4 = 13	7 − 4 = 3
18 − 6 = 12	8 − 6 = 2	16 − 6 = 10	6 − 6 = 0

⑥ **Denke an die kleine Aufgabe.**

19 − 2 = 17	16 − 4 = 12	14 − 3 = 11	16 − 2 = 14
17 − 5 = 12	13 − 3 = 10	19 − 7 = 12	15 − 4 = 11
18 − 3 = 15	17 − 6 = 11	18 − 5 = 13	19 − 3 = 16

①

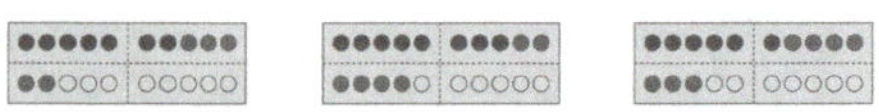

7 + 5 = 12
7 + 3 + 2 = 12

8 + 6 = 14
8 + 2 + 4 = 14

6 + 7 = 13
6 + 4 + 3 = 13

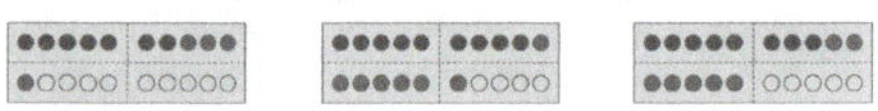

7 + 4 = 11
7 + 3 + 1 = 11

9 + 7 = 16
9 + 1 + 6 = 16

8 + 7 = 15
8 + 2 + 5 = 15

②

5 + 6 = 11
5 + 5 + 1 = 11

8 + 4 = 12
8 + 2 + 2 = 12

9 + 3 = 12
9 + 1 + 2 = 12

6 + 8 = 14
6 + 4 + 4 = 14

9 + 6 = 15
9 + 1 + 5 = 15

5 + 9 = 14
5 + 5 + 4 = 14

8 + 9 = 17
8 + 2 + 7 = 17

2 + 9 = 11
2 + 8 + 1 = 11

7 + 8 = 15
7 + 3 + 5 = 15

③

6 + 5 = 11	5 + 8 = 13	7 + 7 = 14
8 + 5 = 13	9 + 8 = 17	6 + 6 = 12
9 + 4 = 13	6 + 9 = 15	5 + 7 = 12
7 + 6 = 13	9 + 2 = 11	8 + 7 = 15

④

13 − 5 = 8
13 − 3 − 2 = 8

15 − 6 = 9
15 − 5 − 1 = 9

12 − 4 = 8
12 − 2 − 2 = 8

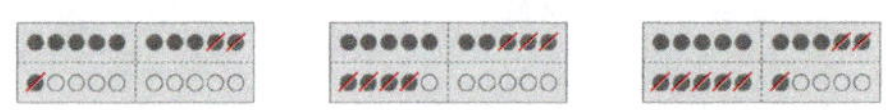

11 − 3 = 8
11 − 1 − 2 = 8

14 − 7 = 7
14 − 4 − 3 = 7

16 − 8 = 8
16 − 6 − 2 = 8

⑤

13 − 6 = 7
13 − 3 − 3 = 7

11 − 4 = 7
11 − 1 − 3 = 7

15 − 8 = 7
15 − 5 − 3 = 7

14 − 6 = 8
14 − 4 − 2 = 8

12 − 3 = 9
12 − 2 − 1 = 9

16 − 9 = 7
16 − 6 − 3 = 7

11 − 7 = 4
11 − 1 − 6 = 4

13 − 8 = 5
13 − 3 − 5 = 5

12 − 9 = 3
12 − 2 − 7 = 3

⑥

11 − 5 = 6	14 − 5 = 9	12 − 7 = 5
15 − 7 = 8	15 − 9 = 6	17 − 8 = 9
17 − 9 = 8	11 − 6 = 5	12 − 8 = 4
12 − 5 = 7	13 − 7 = 6	16 − 7 = 9

Ein Spiegel hilft!

① **Verdoppeln**

a)

5 + 5 = 10   6 + 6 = 12   8 + 8 = 16

b) 2 + 2 = 4   4 + 4 = 8   6 + 6 = 12   9 + 9 = 18

7 + 7 = 14   0 + 0 = 0   8 + 8 = 16   10 + 10 = 20

c)

Zahl	3	6	1	10	5	7	9	2	0	4	8
das Doppelte	6	12	2	20	10	14	18	4	0	8	16

② **Halbieren**

a)

8 = 4 + 4   12 = 6 + 6   14 = 7 + 7

b) 6 = 3 + 3   4 = 2 + 2   20 = 10 + 10

2 = 1 + 1   10 = 5 + 5   14 = 7 + 7

c)

Zahl	8	2	6	10	16	0	20	18	4	14	12
die Hälfte	4	1	3	5	8	0	10	9	2	7	6

Setze die Muster fort.

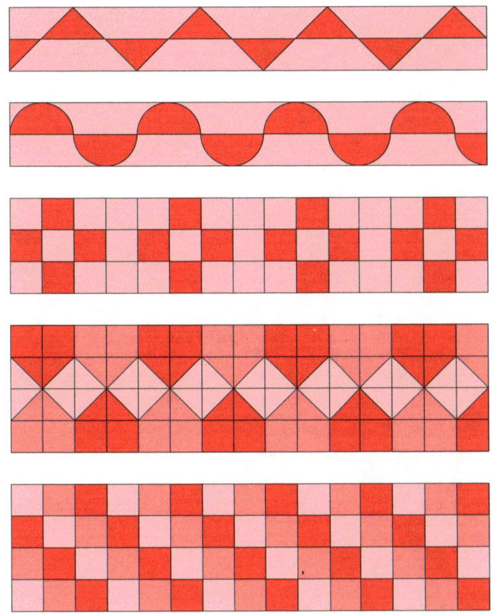

①

② **Rechne auf deinem Weg.**

3 + 8 = 11   8 + 9 = 17   8 + 7 = 15

6 + 7 = 13   7 + 9 = 16   8 + 4 = 12

5 + 8 = 13   5 + 12 = 17   7 + 6 = 13

8 + 6 = 14   9 + 7 = 16   4 + 15 = 19

3 + 9 = 12   6 + 8 = 14   9 + 6 = 15

③

④ **Rechne auf deinem Weg.**

12 – 9 = 3   17 – 8 = 9   14 – 6 = 8

14 – 7 = 7   12 – 5 = 7   16 – 8 = 8

12 – 6 = 6   15 – 9 = 6   13 – 5 = 8

15 – 8 = 7   14 – 9 = 5   14 – 8 = 6

18 – 9 = 9   16 – 7 = 9   13 – 7 = 6

①

17 + 2 = 19

12 + 5 = 17	18 − 5 = 13	13 + 7 = 20
12 + 4 = 16	17 − 2 = 15	18 − 1 = 17

② **Zeichne die Rechnung.**

13 + 5 = 18 | 17 − 3 = 14

12 + 4 = 16 | 19 − 2 = 17

③ **Schreibe die Rechnung dazu.**

	Ich gebe 5 Murmeln dazu.	Jetzt sind es 19.	14 + 5 = 19
	Ich nehme 3 Murmeln heraus.	Jetzt sind es 14.	17 - 3 = 14
	Ich nehme 1 Murmel heraus.	Jetzt sind es 17.	18 - 1 = 17

④

18 (−) 2 = 16

14 (+) 2 = 16	13 (+) 5 = 18	15 (+) 4 = 19
16 (−) 5 = 11	12 (+) 3 = 15	12 (−) 2 = 10

⑤ **Was wurde gezaubert?**

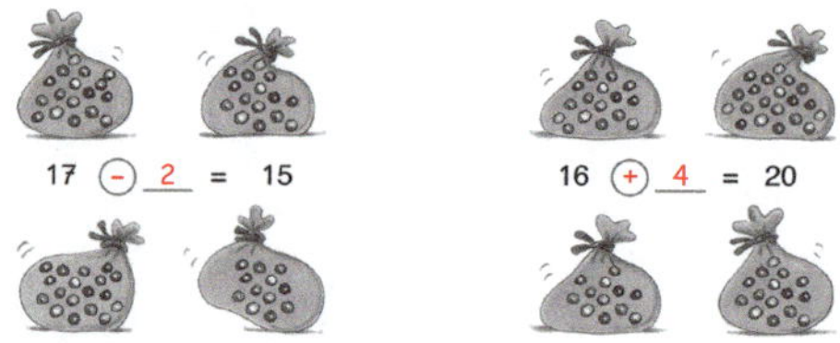

17 (−) 2 = 15 | 16 (+) 4 = 20

18 (−) 6 = 12 | 12 (+) 3 = 15

⑥ **Schreibe die Rechnung dazu.**

Ich habe 17 Murmeln in meinem Sack.		Jetzt sind es 13.	17 - 4 = 13
Ich habe 12 Murmeln in meinem Sack.		Jetzt sind es 18.	12 + 6 = 18
Ich habe 14 Murmeln in meinem Sack.		Jetzt sind es 10.	14 - 4 = 10

① **Trage die fehlenden Zahlen in das Zahlenband ein.**

② **Wo lande ich? Schreibe die Rechnung auf.**

Ich starte auf der 11 und springe 5 Felder vor. 11 + 5 = 16

Ich starte auf der 8 und springe 6 Felder vor. 8 + 6 = 14

Ich starte auf der 9 und springe 2 Felder zurück. 9 - 2 = 7

Ich starte auf der 15 und springe 7 Felder zurück. 15 - 7 = 8

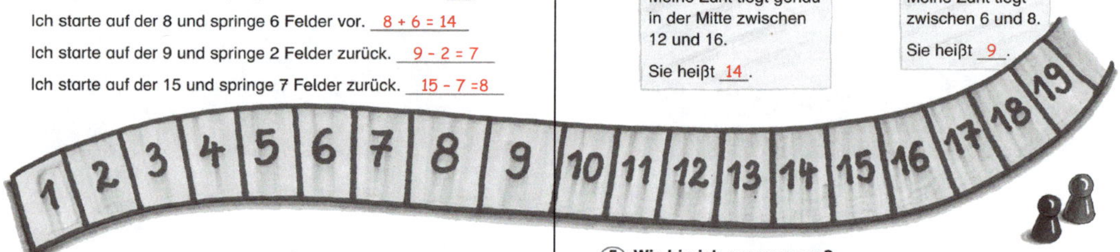

③ **Wo bin ich gestartet?**
Schreibe die Rechnung auf.

Ich bin 3 Felder vorwärts gesprungen,
jetzt bin ich auf der 15. 12 + 3 = 15

Ich bin 6 Felder vorwärts gesprungen,
jetzt bin ich auf der 11. 5 + 6 = 11

Ich bin 2 Felder rückwärts gesprungen,
jetzt bin ich auf der 16. 18 - 2 = 16

Ich bin 5 Felder rückwärts gesprungen,
jetzt bin ich auf der 9. 14 - 5 = 9

④

Meine Zahl liegt zwischen 8 und 12 und ist gerade.
Sie heißt 10.

Meine Zahl liegt 2 Felder links von der 11.
Sie heißt 7.

Meine Zahl liegt genau in der Mitte zwischen 12 und 16.
Sie heißt 14.

Meine Zahl liegt zwischen 6 und 8.
Sie heißt 9.

⑤ **Wie bin ich gesprungen?**

Ich starte auf der 4 und lande auf der 8. 4 + 4 = 8

Ich starte auf der 12 und lande auf der 7. 12 - 5 = 7

Ich starte auf der 9 und lande auf der 11. 9 + 2 = 11

Ich starte auf der 13 und lande auf der 5. 13 - 8 = 5

Für Mathe-Super-Stars!

6 a) Ich starte auf der 7, springe 5 Felder vor, dann 2 zurück.
Wo bin ich? 7 + 5 - 2 = 10

b) Ich starte auf der 5, mache 2 gleich weite Sprünge und lande auf der 9.
Wie bin ich gesprungen? 5 + 2 + 2 = 9

① **Vorderseite – Rückseite. Was gehört zusammen? Verbinde.**

② **Wieviel Geld ist es?**

4 ct | 17 ct | 6 ct

6 ct | 15 ct | 13 ct

③ **Wechsele.**

④ **In welche Münzen wurde gewechselt?**

⑤ **Vergleiche : ⊲ ⊳ ⊜.**

8 ct (=) 8 ct   18 ct (>) 17 ct

⑥ **Rechne.**

2 ct + 1 ct = 3 ct
15 ct + 2 ct = 17 ct
4 ct + 12 ct = 16 ct
2 ct + 6 ct = 8 ct

10 ct + 5 ct = 15 ct
5 ct + 7 ct = 12 ct
9 ct + 3 ct = 12 ct
7 ct + 8 ct = 15 ct

⑦ 4 ct + 3 ct + 7 ct + 1 ct = 15 ct
2 ct + 5 ct + 11 ct + 1 ct = 19 ct
12 ct + 1 ct + 5 ct = 18 ct
8 ct + 2 ct + 5 ct = 15 ct

①

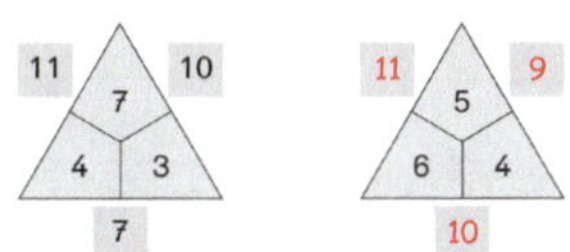

②

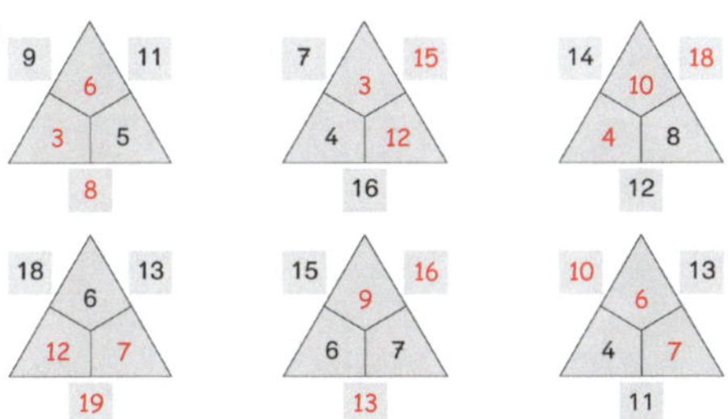

Für Mathe-Super-Stars!

3 **Bei jedem Rechendreieck ist eine Zahl falsch. Verbessere.**

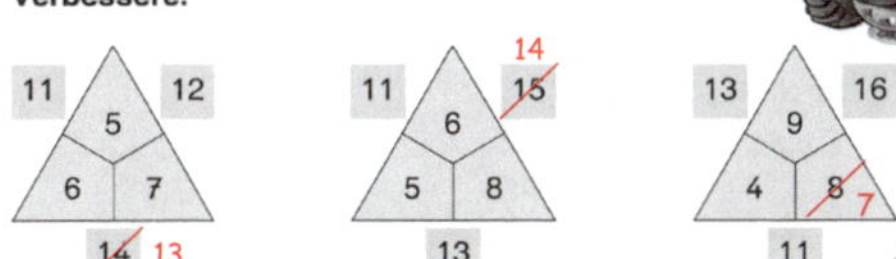

Wie viele Waldtiere haben sich versteckt? Kreise ein.

Es haben sich 10 Tiere versteckt.

Zu jeder Geschichte gehören ein Bild und eine Rechnung.

1	Auf dem Parkplatz stehen schon 8 Autos. 3 Autos kommen noch dazu.
2	Auf dem Parkplatz standen 9 Autos. Jetzt fahren 2 Autos weg.

2

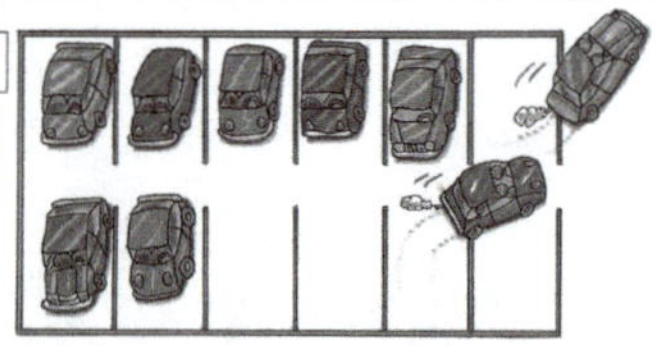

Trage hier die Nummer der passenden Geschichte ein!

1

2 Rechnungen bleiben übrig!

	9 + 2 = 11	2	9 − 2 = 7
1	8 + 3 = 11		8 − 3 = 5

3	Im Schulbus waren 19 Kinder. 8 Kinder steigen an der Grundschule aus.
4	Im Schulbus sitzen bereits 12 Kinder. 4 Kinder steigen noch ein.

3

4

Auch hier bleiben 2 Rechnungen übrig!

4	12 + 4 = 16		12 − 4 = 8
	9 + 8 = 17	3	19 − 8 = 11

Für Mathe-Super-Stars!

Löse auch die übrigen Rechnungen.
Erzähle Geschichten und male Bilder.

4 + 3 = 7

① **Wie heißen die Zahlen auf den leeren Steinen?**

13 / 6 7 / 2 4 3

9 / 6 3 / 5 1 2

18 / 10 8 / 4 6 2

② **Gleiche Grundsteine – verschiedene Mauern**

12 / 5 7 / 2 3 4

13 / 7 6 / 3 4 2

11 / 5 6 / 3 2 4

③ **Welche Zahlen fehlen?**

20 / 10 10 / 6 4 6

15 / 7 8 / 3 4 4

12 / 4 8 / 1 3 5

④ **Große Mauern**

16 / 7 9 / 3 4 5 / 2 1 3 2

18 / 9 9 / 5 4 5 / 3 2 2 3

Baue selbst Zahlenmauern!

①

4 + 6 = 10	5 + 5 = 10	13 − 3 = 10	16 − 7 = 9
4 + 7 = 11	5 + 6 = 11	13 − 4 = 9	16 − 8 = 8
4 + 8 = 12	5 + 7 = 12	13 − 5 = 8	16 − 9 = 7
6 + 7 = 13	8 + 4 = 12	15 − 5 = 10	14 − 7 = 7
6 + 8 = 14	8 + 5 = 13	15 − 6 = 9	14 − 8 = 6
6 + 9 = 15	8 + 6 = 14	15 − 7 = 8	14 − 9 = 5

②

17 / 8 9 / 3 5 4

15 / 7 8 / 5 2 6

17 / 7 10 / 4 3 7

12 / 7 5 / 4 3 2

19 / 7 12 / 3 4 8

③ **Rechne geschickt.**

4 + 7 + 6 = 17	4 + 8 + 6 = 18	14 − 7 − 4 = 3
8 + 6 + 2 = 16	3 + 9 + 7 = 19	17 − 9 − 7 = 1
7 + 8 + 3 = 18	6 + 7 + 4 = 17	16 − 8 − 6 = 2

Lies die Geschichte und erzähle zum Bild.
Löse die Aufgabe.

① Thomas hat 14 € gespart.
Seine Tante schenkt ihm noch 5 €.
Wie viel Geld hat er jetzt?

Rechnung: 14 € + 5 € = 19 €

Antwort: Er hat jetzt 19 €.

② Auf dem Flohmarkt verkauft Michael ein Spiel für 4 €, ein Buch für 3 € und Schlittschuhe für 8 €.
Wie viel Geld hat er eingenommen?

Rechnung: 4 € + 3 € + 8 € = 15 €

Antwort: Er hat 15 € eingenommen.

③ Clara kauft sich ein Taschenbuch für 9 €.
Sie bezahlt mit einem 20-€-Schein.
Wie viel Geld bekommt sie zurück?

Rechnung: 20 € - 9 € = 11 €

Antwort: Sie bekommt 11 € zurück.

④ Sabine hat eine Schachtel mit 12 Schokoküssen.
Nach einer Woche sind noch 5 Schokoküsse in der Schachtel.
Wie viele hat sie schon gegessen?

Rechnung: 12 - 7 = 5

Antwort: Sie hat 7 Schokoküsse gegessen.

5 Florian verteilt an seinem Geburtstag eine Schachtel mit 12 Schokoküssen und eine Schachtel mit 8 Schokoküssen.

a) Wie viele Schokoküsse hat er verteilt?

Rechnung: 12 + 8 = 20

Antwort: Er hat 20 Schokoküsse verteilt.

b) Jedes Kind hat 2 Schokoküsse bekommen.
Wie viele Kinder waren es?

Rechnung:

1. Kind	20 - 2 = 18	6. Kind	10 - 2 = 8
2. Kind	18 - 2 = 16	7. Kind	8 - 2 = 6
3. Kind	16 - 2 = 14	8. Kind	6 - 2 = 4
4. Kind	14 - 2 = 12	9. Kind	4 - 2 = 2
5. Kind	12 - 2 = 10	10. Kind	2 - 2 = 0

Antwort: Es waren 10 Kinder.

Finde die Rechenfrage und die passende Rechnung.
Kreuze an ☒ und rechne.

① 16 Kinder warten bereits in der Turnhalle,
2 Kinder ziehen sich noch um.

- ☐ Wie viele Jungen sind in der Turnhalle?
- ☒ Wie viele Kinder sind es insgesamt?
- ☐ Wie viele Kinder sind heute krank?

☒ 16 + 2 = 18 ☐ 16 – 2 = ___ ☐ 10 + 6 = ___

② Für den Schwimmunterricht wurden insgesamt 18 Kinder angemeldet.
Heute fehlen aber 3 Mädchen.

- ☐ Wie lange dauert der Schwimmunterricht?
- ☐ Wie viele Kinder können schwimmen?
- ☒ Wie viele Kinder nehmen heute am Schwimmunterricht teil?

☐ 18 + 3 = ___ ☒ 18 – 3 = 15 ☐ 18 – 8 = ___

③ Am Klettergerüst turnen 7 Kinder,
4 Kinder sind an der Schaukel,
5 Kinder warten an der Rutsche.

- ☐ Wie viele Kinder sind im Sandkasten?
- ☒ Wie viele Kinder sind auf dem Spielplatz?
- ☐ Wie alt sind die Kinder?

☒ 7 + 4 + 5 = 16 ☐ 7 – 4 = ___
☐ 5 + 7 = ___

④ 15 Kinder treffen sich um 15 Uhr zum Fuβball-Training.
4 Kinder werden um 16 Uhr abgeholt,
2 Kinder gehen um 16.30 Uhr zum Bus.
Alle anderen Kinder trainieren bis 17 Uhr.

- ☒ Wie viele Kinder bleiben bis 17 Uhr?
- ☐ Wie heiβt der Fuβballverein?
- ☐ Wie viele Mädchen spielen mit?

☐ 15 + 4 + 2 = ___
☐ 15 – 4 – 5 = ___
☒ 15 – 4 – 2 = 9

① **Kennst du beide Uhrzeiten?**

11 Uhr	2 Uhr	7 Uhr	10 Uhr
23 Uhr	14 Uhr	19 Uhr	22 Uhr

② **Trage die Zeiger in die Uhr ein.**

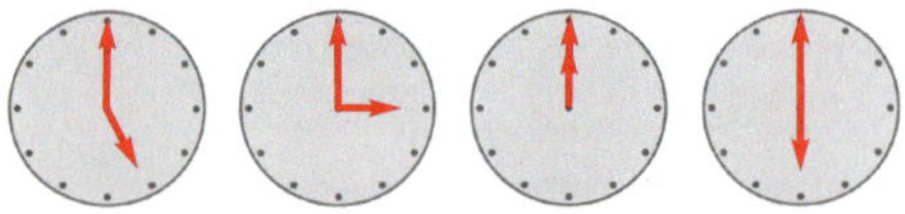

17 Uhr | 3 Uhr | 12 Uhr | 6 Uhr

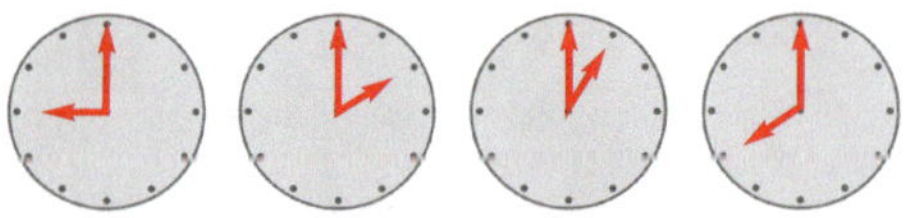

21 Uhr | 2 Uhr | 13 Uhr | 8 Uhr

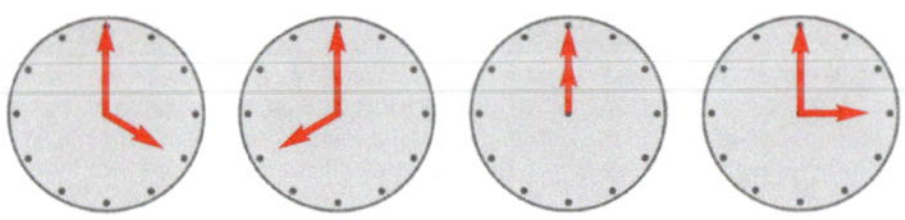

16 Uhr | 20 Uhr | 0 Uhr | 15 Uhr

③ **Verbinde die Uhren mit gleicher Uhrzeit.**

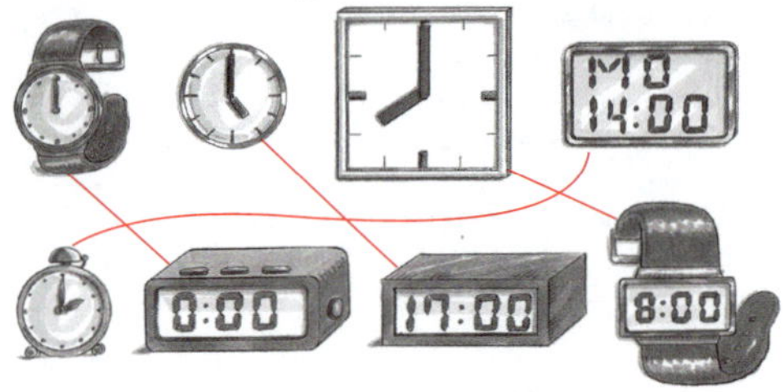

④ **Welche Zahl wird hier angezeigt?**

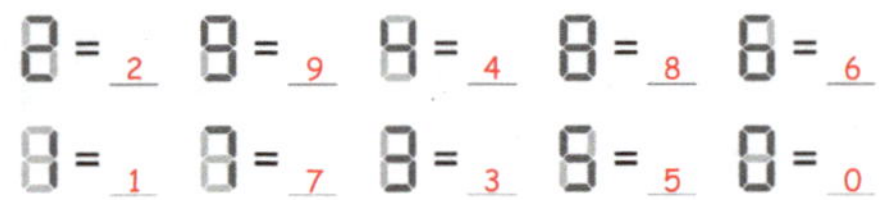

= 2 = 9 = 4 = 8 = 6

= 1 = 7 = 3 = 5 = 0

⑤ **Ergänze die fehlenden Zeiten!**

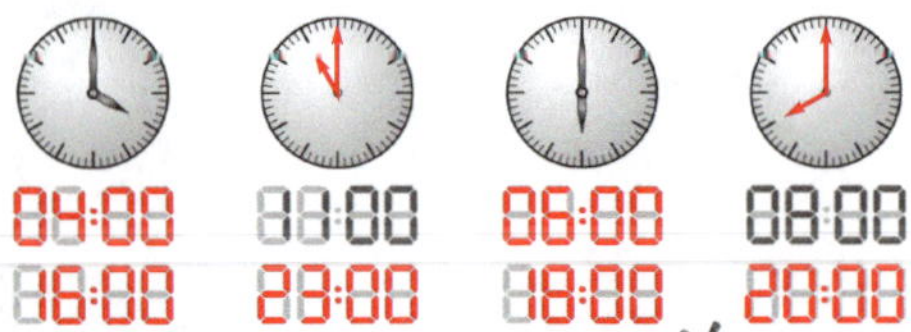

Male blau, was zur Zahl gehört!

Trage die fehlenden Zahlen ein.

1	2	3	4	5	6	7	8	9	10
11	12	13	14	15	16	17	18	19	20
21	22	23	24	25	26	27	28	29	30
31	32	33	34	35	36	37	38	39	40
41	42	43	44	45	46	47	48	49	50
51	52	53	54	55	56	57	58	59	60
61	62	63	64	65	66	67	68	69	70
71	72	73	74	75	76	77	78	79	80
81	82	83	84	85	86	87	88	89	90
91	92	93	94	95	96	97	98	99	100

Vorschlag für ein Spiel:

- Lege 10 Gummibärchen auf verschiedene Zahlen.
- Würfle und rücke vor.
- Triffst du auf ein Bärchen, nenne die Zahl und es gehört dir.

Das Geheimnis des Sternenhimmels

Auflösung Sternbild: Großer Bär

1

Wie viele sind es?

	~~||||~~ |	6				
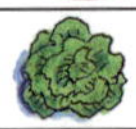						

				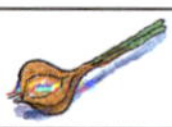		

Inhaltsverzeichnis

2

Kreuze an ☒.

① **Was liegt unter**  **?**

☐

☐

☐

② **Was liegt unter**  **?**

☐

☐

☐

③ **Was liegt über**  **?**

☐

☐

☐

④ **Was liegt über**  **?**

 ☐  ☐ ☐

⑤ **Was liegt zwischen**  **und**  **?**

 ☐ 

☐ 

☐

⑥ **Was liegt links neben**  **?**

 ☐ 

☐  ☐

⑦ **Was liegt rechts neben** 

?

 ☐  ☐ ☐

Auf einen Blick!

1

2

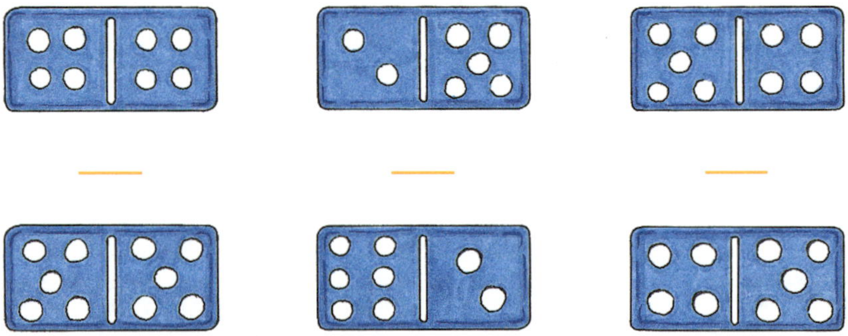

3

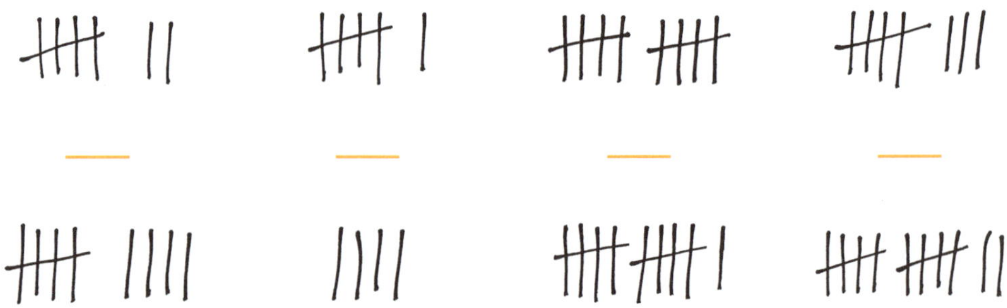

4

5 **Verbinde mit dem richtigen Schlüssel.**

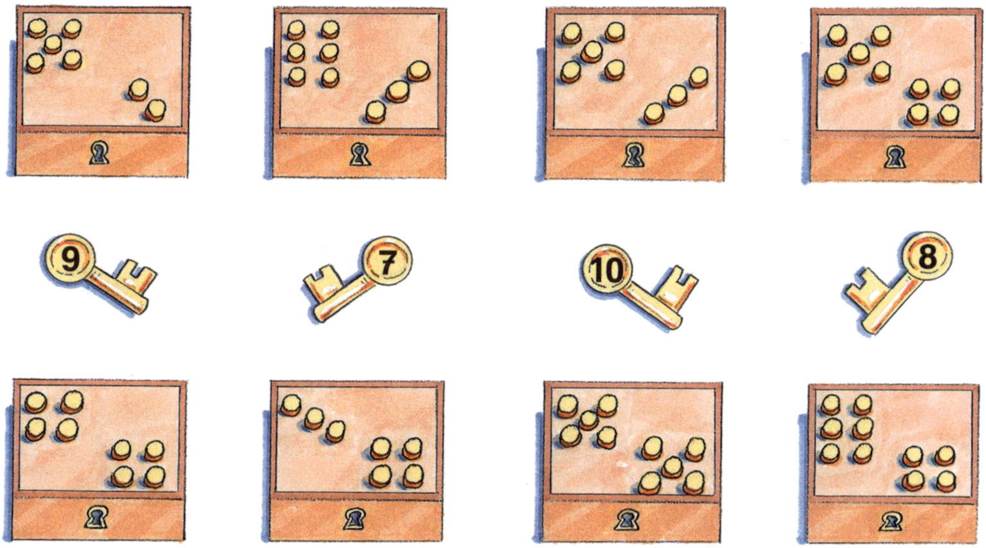

6

Zahlen ⚡-schnell erkannt

1 **Wie viele sind es?**

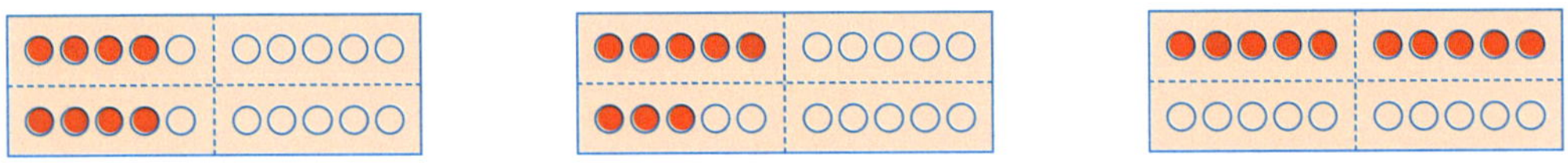

8

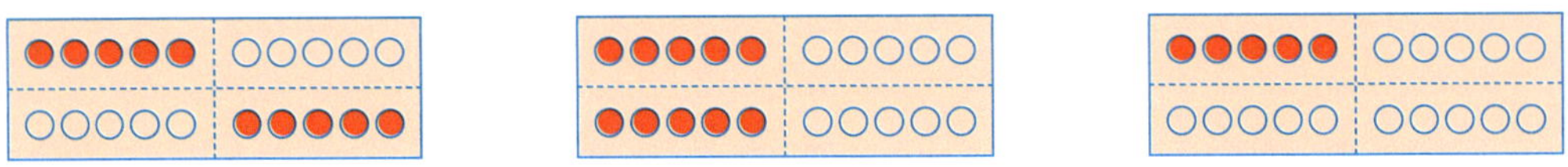

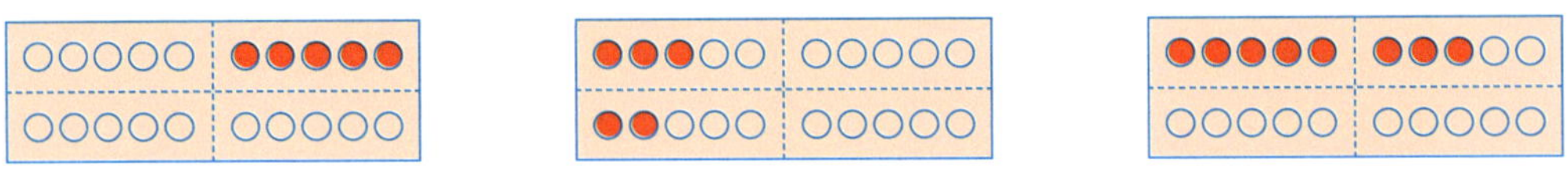

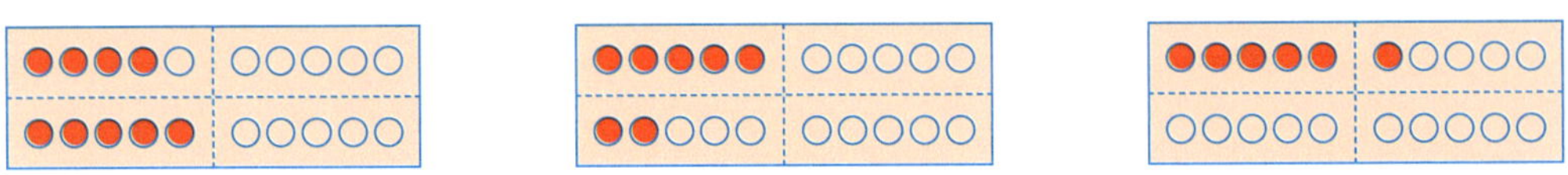

2 **Wie viele sind versteckt?**

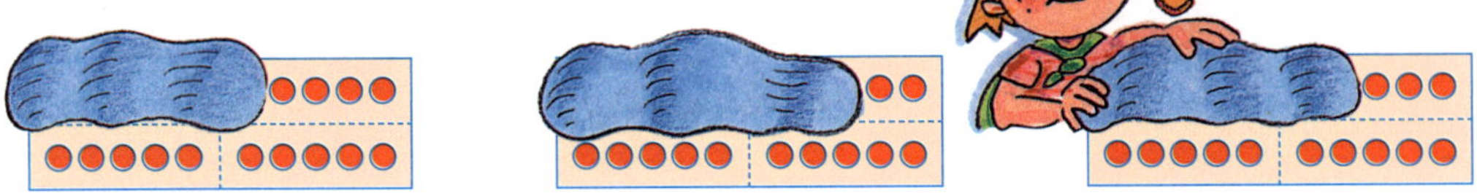

6

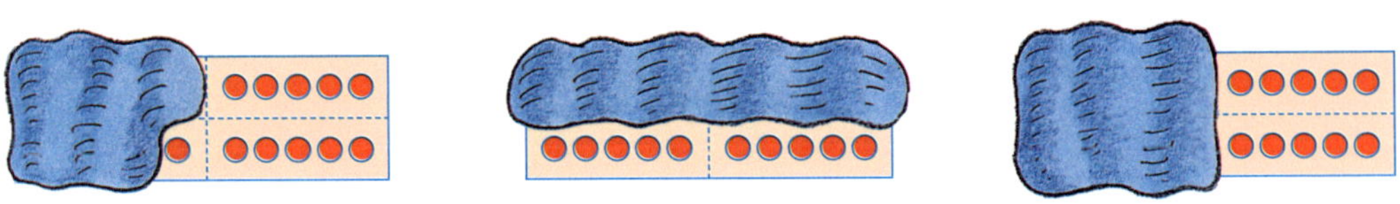

③ **Kreise farbig ein.**

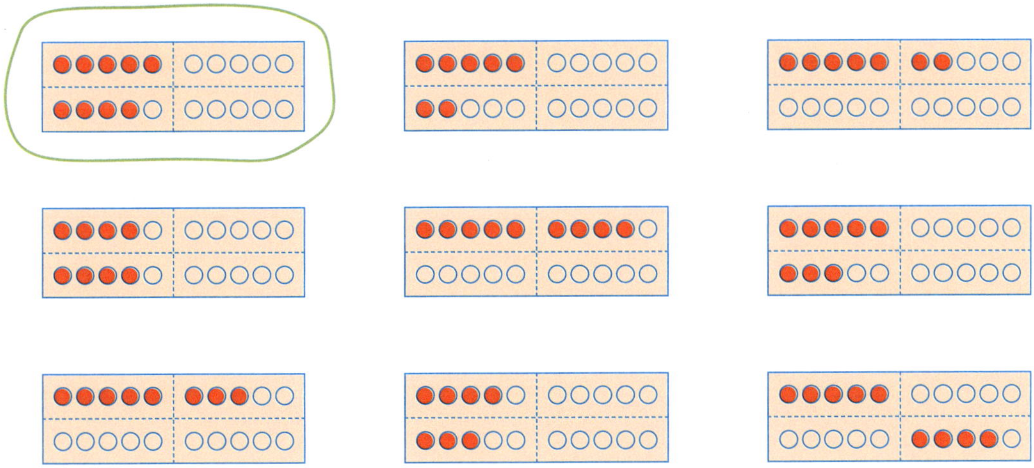

4 **Mehr als 10.**
Wie viele sind es?

14 15 20 16 12 13

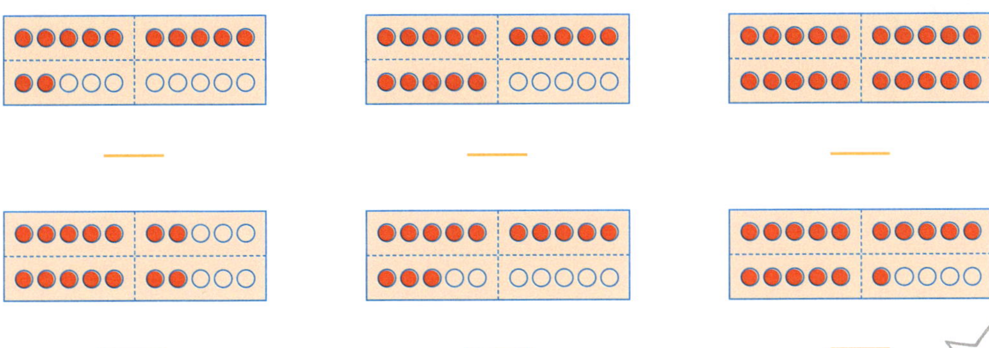

1

4 + 3	___ + ___	5 + ___

___ + ___	___ + ___	3 + ___

___ + ___	___ + 1	4 + ___

___ + ___	2 + ___	1 + ___

2

2 + ___	3 + ___	2 + ___
4 + ___	___ + 2	4 + ___
1 + ___	___ + 3	___ + 1
3 + ___	0 + ___	___ + 3

3

___ + ___

___ + ___

___ + ___

9 + ___

2 + ___

___ + 3

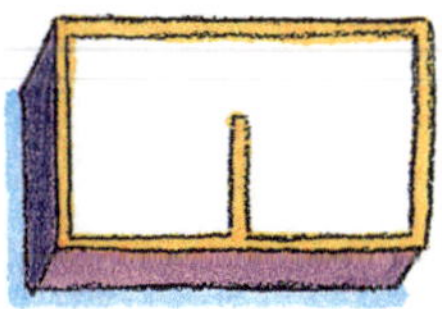

___ + 4

___ + 8

4

0 + ___
1 + ___
2 + ___
3 + ___
___ + ___
___ + ___
___ + ___
___ + ___
___ + ___
___ + ___
___ + ___

5

6 + ___
0 + ___
___ + 2
___ + 5

1 + ___
6 + ___
___ + 0
5 + ___

6 + ___
1 + ___
___ + 5
___ + 0

1 **Vergleiche die Türme: <, > oder =.**

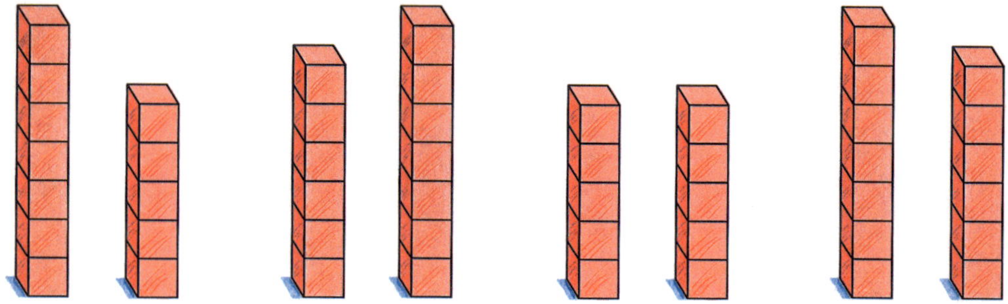

7 (>) ___ ___ ( ) ___ ___ ( ) ___ ___ ( ) ___

2 **Zeichne die Türme fertig. Setze ein: < > =.**

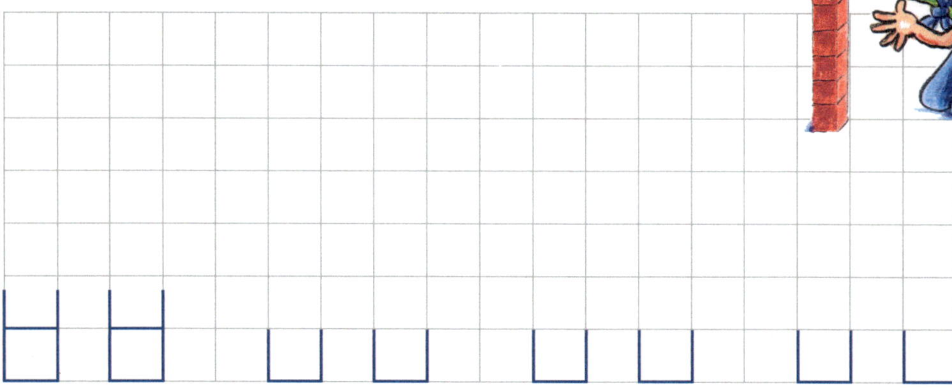

6 ( ) 4 3 ( ) 5 1 ( ) 6 4 ( ) 4

3 **Vergleiche: < > =.**

4 ( ) 7	2 ( ) 8	8 ( ) 7
6 ( ) 3	7 ( ) 7	8 ( ) 9
9 ( ) 1	3 ( ) 9	9 ( ) 6
0 ( ) 10	6 ( ) 5	10 ( ) 0

4 Welche Zahlen passen? Male sie an.

___ < 7   3   8   6   2

___ < 9   10   8   6   1

___ > 5   3   2   8   6

5 Male alle passenden Felder aus.   ___ > 3

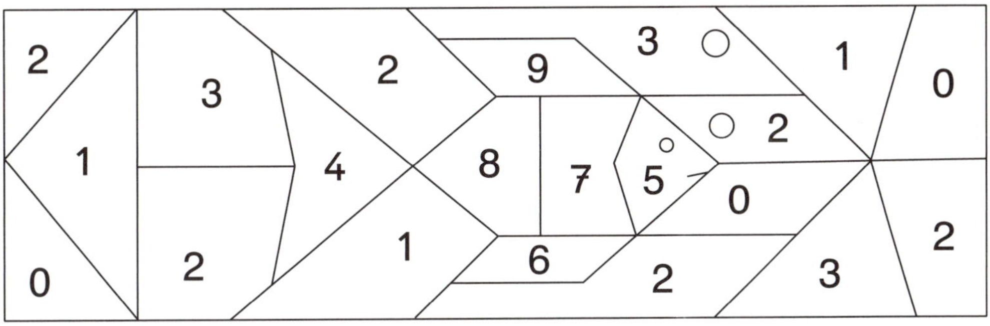

6 Streiche alle Zahlen durch, die nicht passen.

___ < 4   1 2 3 4 5 6 7 8 9 10

7 > ___   1 2 3 4 5 6 7 8 9 10

5 > ___   1 2 3 4 5 6 7 8 9 10

7 Welche Zahlen passen? Male sie an.

Für Mathe-Super-Stars!

4 < ___ < 10

1   3   4   5   6   8   9

① Kreuze an ☒.

Max steht
☐ vor
☐ hinter
☐ zwischen

Waldi und

Dirk.

Max, Dirk und Laura stehen
☐ vor
☐ hinter
☐ neben

den Eltern.

Oma, Opa und Tante Marie stehen
☐ vor
☐ hinter
☐ neben

den Eltern.

2

Laura sehe ich
☐ rechts
☐ links
von

Dirk.

Papa sehe ich
☐ rechts
☐ links
von

Mama.

Dirk sehe ich
☐ rechts
☐ links
von

Max.

Oma sehe ich
☐ rechts
☐ links
von

Opa.

Für Mathe-Super-Stars!

3 Zwischen Opa und Max steht ________________.

Zwischen Waldi und Laura sind ________________ und

________________. Alle auf dem Bild schauen zu dir,

nur ________________ sieht zur Seite.

Plusaufgaben

1 Wie heißen die Rechnungen?

a)

3 + ___ = ___

___ + ___ = ___

___ + ___ = ___

b)

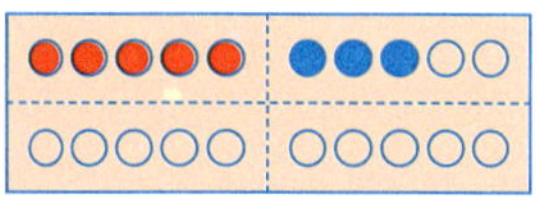

5 + ___ = ___

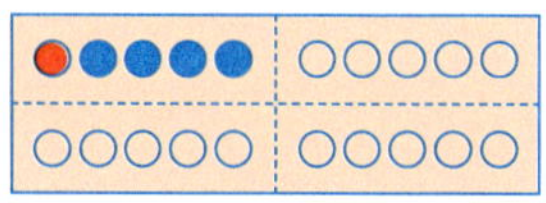

___ + ___ = ___

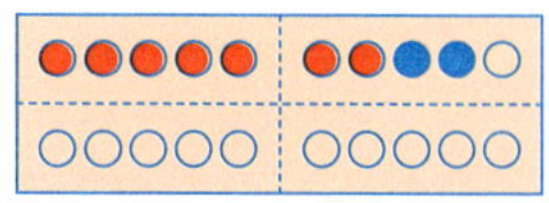

___ + ___ = ___

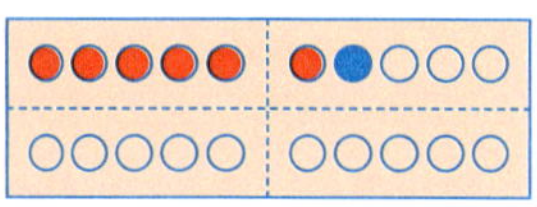

___ + ___ = ___

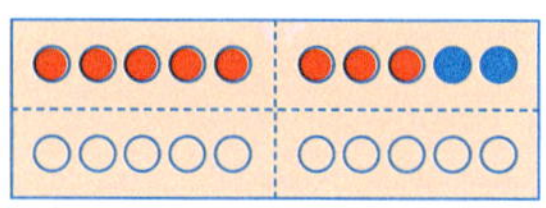

___ + ___ = ___

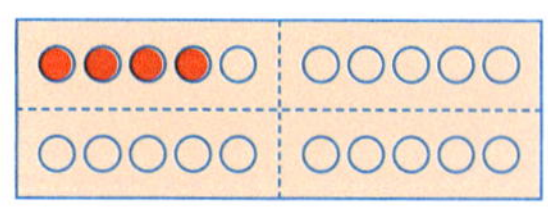

___ + 0 = ___

2

2 + 3 = ___	3 + 1 = ___	5 + 1 = ___
2 + 4 = ___	3 + 2 = ___	5 + 2 = ___
2 + 5 = ___	3 + __ = ___	5 + __ = ___
2 + __ = ___	3 + __ = ___	__ + __ = ___
2 + __ = ___	3 + __ = ___	__ + __ = 10

③ Male und rechne.

a)

$2 + 4 =$ ____

$6 + 3 =$ ____

$3 + 5 =$ ____

b)

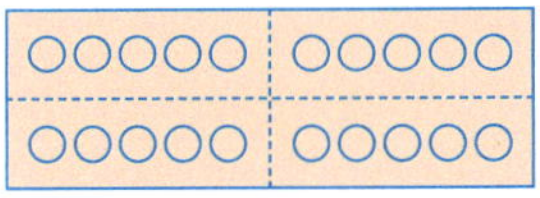

$4 + 2 =$ ____

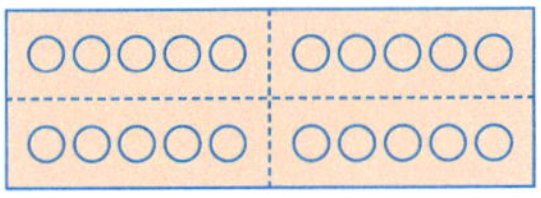

$3 + 6 =$ ____

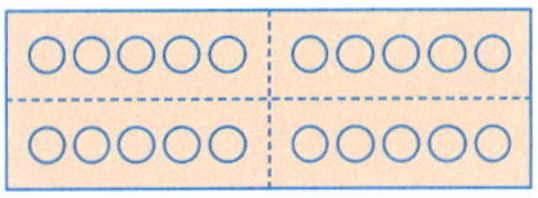

$5 + 4 =$ ____

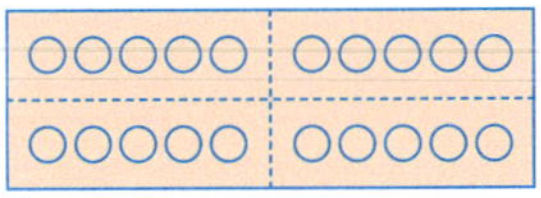

$2 + 6 =$ ____

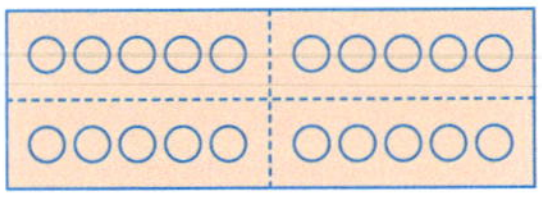

$9 + 1 =$ ____

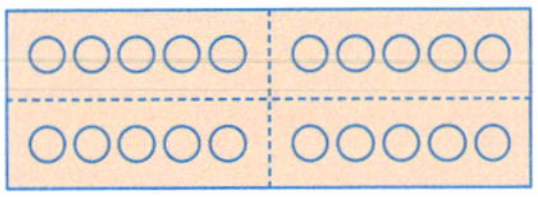

$7 + 2 =$ ____

④

$4 + 0 =$ ____	$1 + 1 =$ ____	$6 + 3 =$ ____
$4 + 2 =$ ____	$1 + 0 =$ ____	$6 + 4 =$ ____
$4 + 4 =$ ____	$1 + 4 =$ ____	$6 + 0 =$ ____
$4 + 6 =$ ____	$1 + 8 =$ ____	$6 + 1 =$ ____
$4 + 5 =$ ____	$1 + 7 =$ ____	$6 + 2 =$ ____

1 **Schreibe immer 2 Aufgaben.**

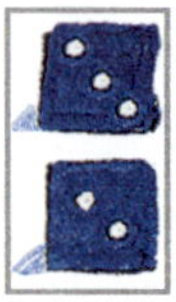
3 + 2 = ___
2 + 3 = ___

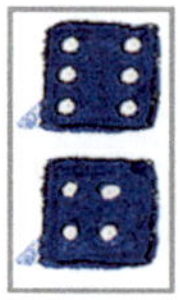
6 + 4 = ___
4 + 6 = ___

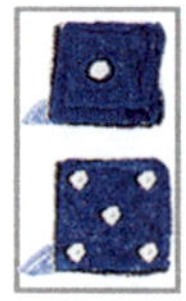
1 + ___ = ___
5 + ___ = ___

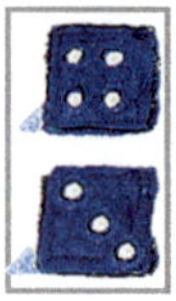
___ + ___ = ___
___ + ___ = ___

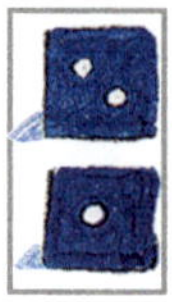
___ + ___ = ___
___ + ___ = ___

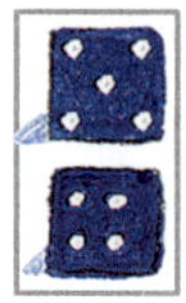
___ + ___ = ___
___ + ___ = ___

2 **Rechne und schreibe die Tauschaufgabe.**

2 + 5 = ___	6 + 4 = ___	3 + 6 = ___
5 + 2 = ___	4 + ___ = ___	___ + ___ = ___
7 + 1 = ___	4 + 2 = ___	5 + 0 = ___
______	______	______
1 + 8 = ___	4 + 5 = ___	0 + 9 = ___
______	______	______

3 **Für Mathe-Super-Stars!**

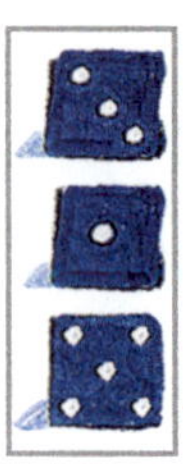
3 + 1 + 5 = ___
1 + 3 + 5 = ___
___ + ___ + ___ = ___

___ + ___ + ___ = ___
___ + ___ + ___ = ___
___ + ___ + ___ = ___

Findest du alle Aufgaben?

1 Ergänze, was fehlt.

+4	+5	+6	+7
0 + 4 = ___	0 + 5 = ___	0 + 6 = ___	0 + 7 = ___
1 + 4 = ___	1 + 5 = ___	1 + ___ = ___	___ + ___ = ___
2 + 4 = ___	2 + ___ = ___	___ + ___ = ___	___ + ___ = ___
3 + 4 = ___	3 + ___ = ___	___ + ___ = ___	___ + ___ = ___
4 + 4 = ___	___ + ___ = ___	___ + ___ = ___	
5 + ___ = ___	___ + ___ = ___		
6 + ___ = ___			

2 Ausschnitte aus anderen Türmen

+3			
3 + 3 = ___	0 + 8 = ___	___ + ___ = ___	___ + ___ = ___
4 + 3 = ___	1 + ___ = ___	7 + 2 = ___	___ + ___ = ___
5 + ___ = ___	___ + ___ = ___	___ + ___ = ___	6 + 1 = ___

3 1 Aufgabe – 4 Nachbarn

	2 + 5 = ___	
3 + 4 = ___	3 + 5 = ___	3 + ___ = ___
	___ + ___ = ___	

1 **Wie heißen die Rechnungen?**

8 – ___ = ___ ___ – ___ = ___ ___ – ___ = ___

2

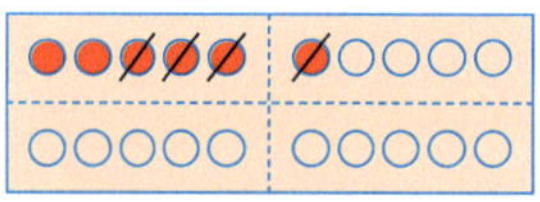

6 – ___ = ___

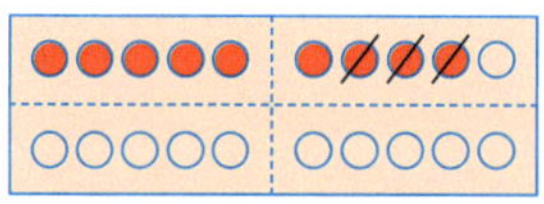

___ – ___ = ___

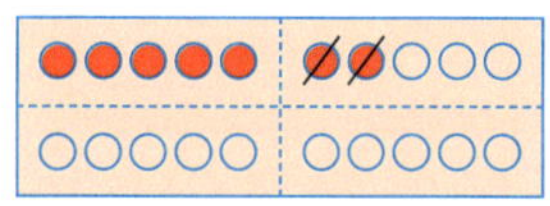

___ – ___ = ___

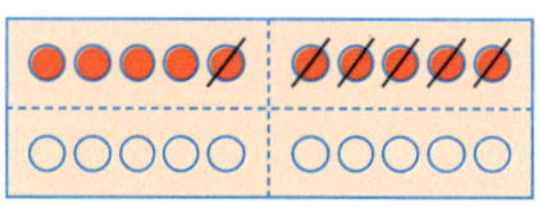

___ – ___ = ___

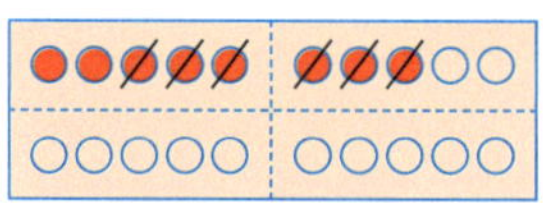

___ – ___ = ___

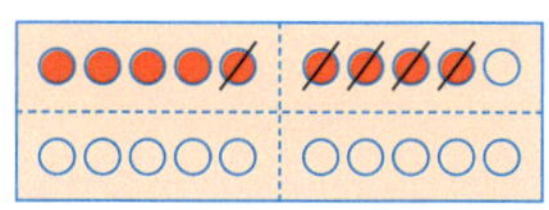

___ – ___ = ___

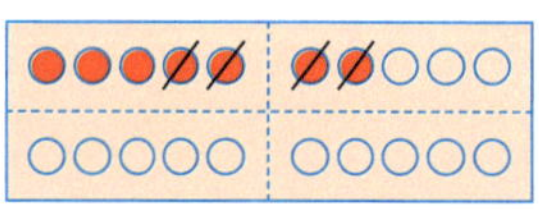

___ – ___ = ___

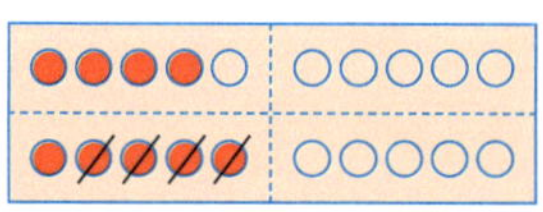

___ – ___ = ___

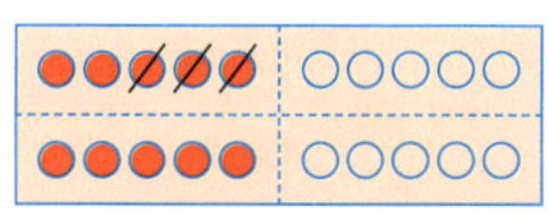

___ – ___ = ___

3

9 – 2 = ___	7 – 7 = ___	5 – 0 = ___
9 – 3 = ___	7 – 6 = ___	5 – 1 = ___
9 – 4 = ___	7 – ___ = 2	5 – ___ = ___
9 – ___ = ___	7 – ___ = ___	5 – ___ = ___
9 – ___ = ___	7 – ___ = ___	5 – ___ = ___

4 **Wie heißen die Aufgaben?**

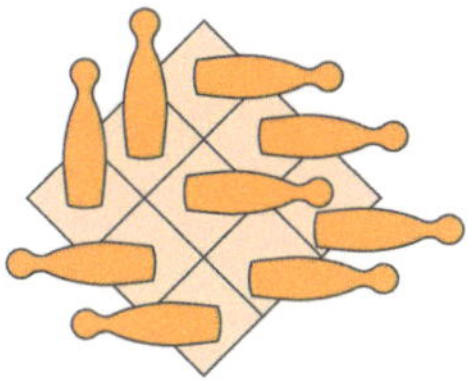

9 – ___ = ___

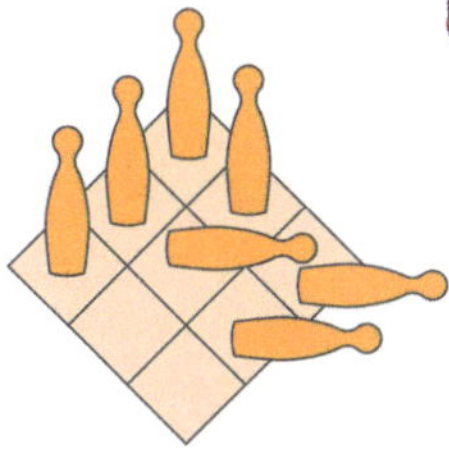

___ – ___ = ___

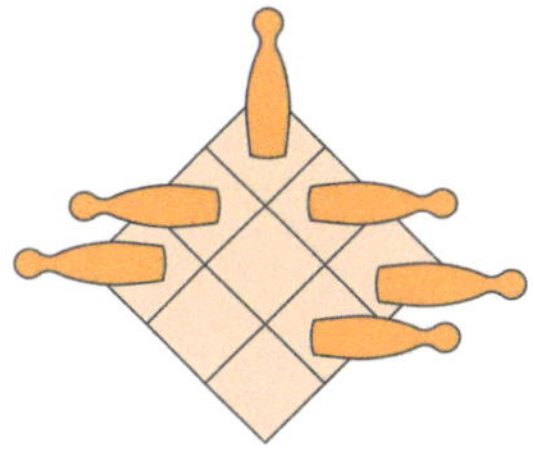

___ – ___ = ___

5 **Zeichne und rechne.**

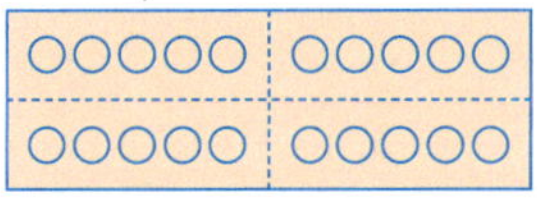

5 – 2 = ___

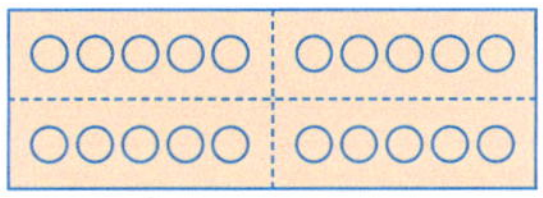

10 – 7 = ___

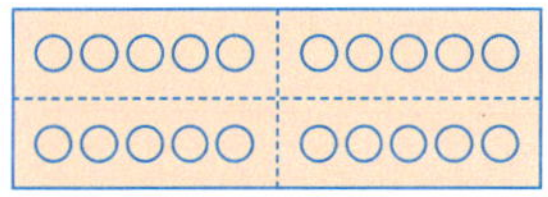

8 – 4 = ___

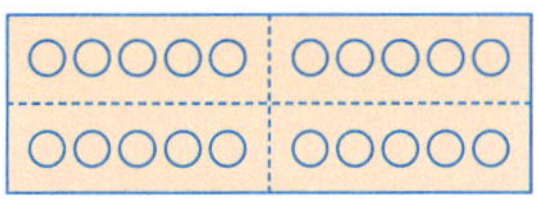

6 – 1 = ___

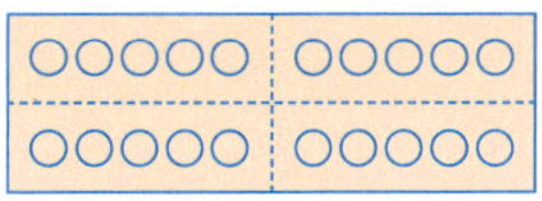

9 – 6 = ___

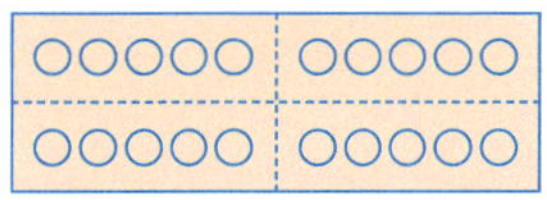

7 – 5 = ___

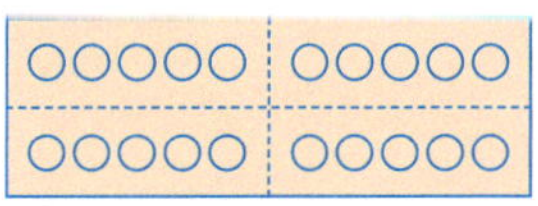

10 – 6 = ___

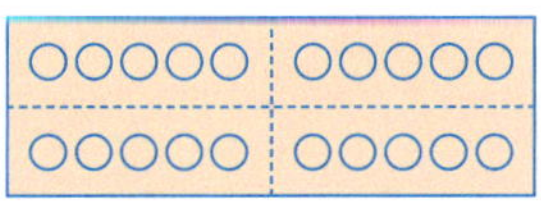

8 – 6 = ___

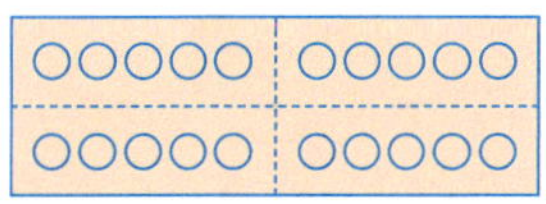

9 – 0 = ___

6

8 – 7 = ___	6 – 5 = ___	10 – 6 = ___
8 – 5 = ___	6 – 2 = ___	10 – 9 = ___
8 – 3 = ___	6 – 6 = ___	10 – 7 = ___
8 – 1 = ___	6 – 4 = ___	10 – 4 = ___
8 – 0 = ___	6 – 3 = ___	10 – 5 = ___

1 Ergänze, was fehlt.

−4	−5	−6	−7
4 − 4 = ___	5 − 5 = ___	6 − 6 = ___	7 − 7 = ___
5 − 4 = ___	6 − 5 = ___	7 − ___ = ___	___ − ___ = ___
6 − 4 = ___	7 − 5 = ___	___ − ___ = ___	___ − ___ = ___
7 − ___ = ___	8 − ___ = ___	___ − ___ = ___	___ − ___ = ___
8 − ___ = ___	___ − ___ = ___	___ − ___ = ___	
9 − ___ = ___	___ − ___ = ___		
10 − ___ = ___			

2 Ausschnitte aus anderen Türmen

−8			
8 − 8 = ___	4 − 2 = ___	___ − ___ = ___	___ − ___ = ___
9 − 8 = ___	5 − ___ = ___	8 − 3 = ___	___ − ___ = ___
10 − ___ = ___	___ − ___ = ___	___ − ___ = ___	10 − 6 = ___

3 1 Aufgabe – 4 Nachbarn

	7 − 5 = ___	
8 − 4 = ___	8 − 5 = ___	8 − ___ = ___
	___ − ___ = ___	

Die Nachbarn findest du oben in den Türmen.

1 Welcher Ball gehört in welchen Korb? Verbinde.

5 – 1   8 – 3   8 – 4   9 – 8   10 – 3   7 – 2

9 – 4   10 – 7   10 – 2   9 – 1   8 – 2

< 5   = 5   > 5

2 ⧀ ⧁ ⊜

8 – 5 (<) 4	7 – 4 ○ 5	9 – 5 ○ 7
6 – 3 ○ 3	5 – 2 ○ 3	6 – 2 ○ 1
9 – 2 ○ 5	8 – 1 ○ 7	7 – 5 ○ 0
10 – 6 ○ 2	4 – 3 ○ 2	3 – 3 ○ 0

3 Gleiches Ergebnis – gleiche Farbe

10 – 0	4 + 2	9 – 1	10 – 4	7 + 3
5 + 3	7 – 2	9 + 1	9 – 4	10 – 2

4 ⧀ ⧁ ⊜

Für Mathe-Super-Stars!

8 – 3 ○ 6 + 1	4 + 2 ○ 10 – 3
2 + 5 ○ 9 – 2	7 – 4 ○ 8 – 6

Setze fort.

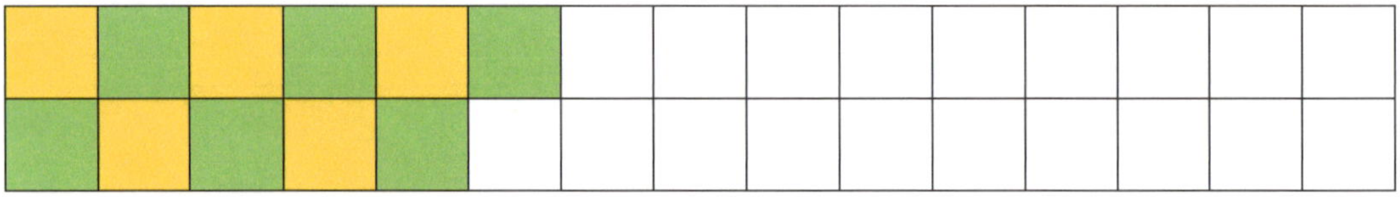

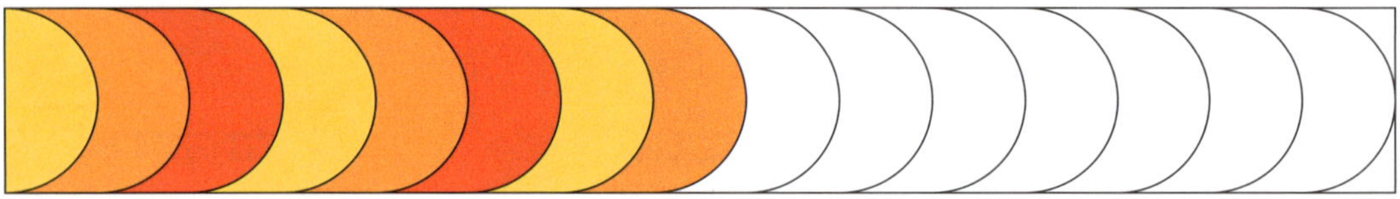

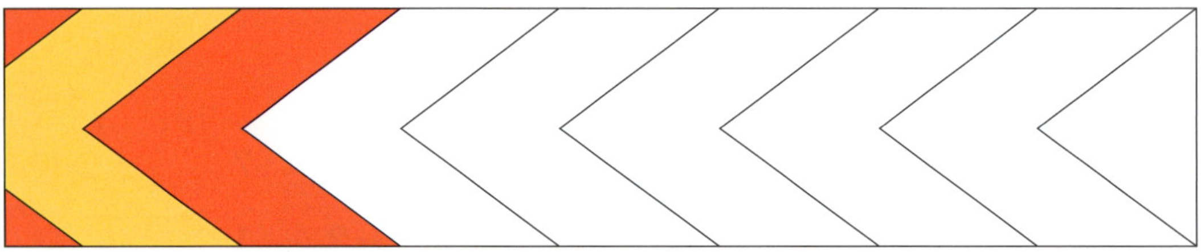

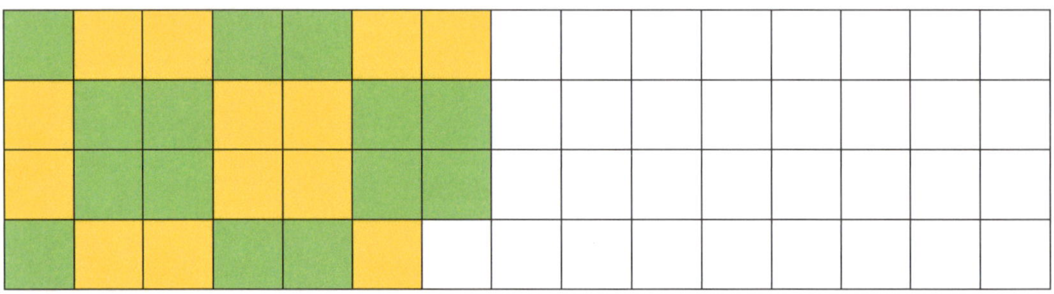

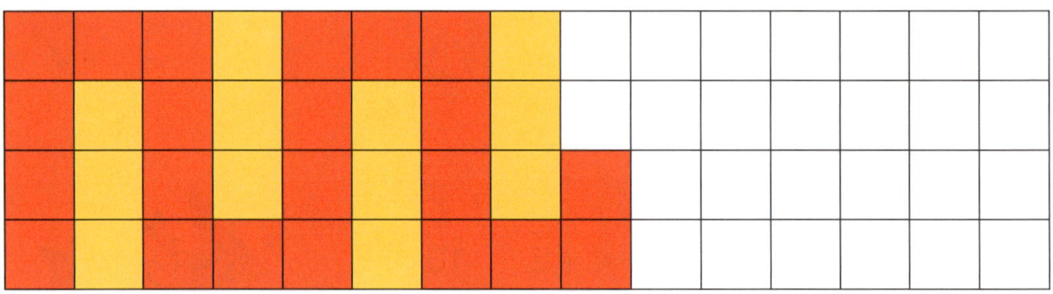

① **Streiche durch, was nicht in den Sack gehört.**

② **Fahre nach.** △ grün, ○ rot, □ blau

1 **Wie heißt die Zielzahl?**

3 (+ 6) = ___

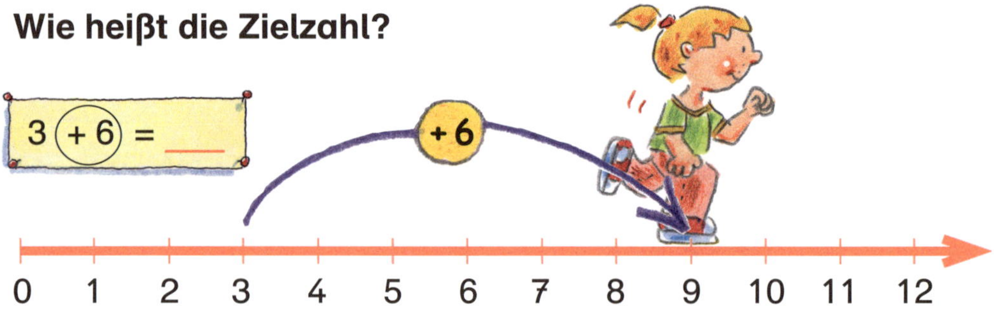

2 (+ 4) = ___	8 (+ 2) = ___	7 (+ 3) = ___
6 (+ 2) = ___	9 (+ 1) = ___	4 (+ 2) = ___
1 (+ 5) = ___	0 (+ 5) = ___	8 (+ 1) = ___
3 (+ 7) = ___	5 (+ 3) = ___	6 (+ 1) = ___

2

7 (– 3) = ___

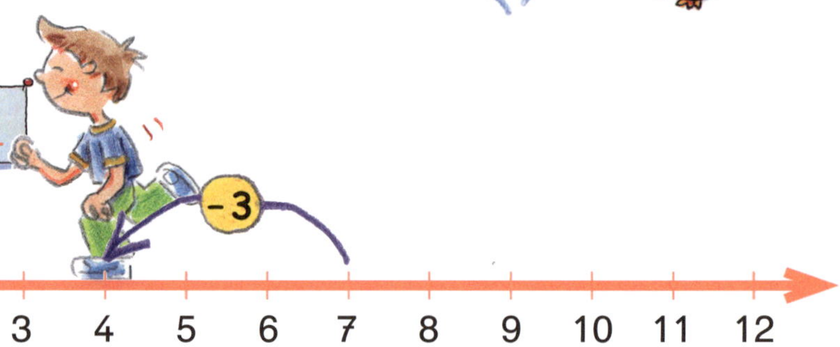

8 (– 4) = ___	6 (– 3) = ___	3 (– 1) = ___
5 (– 4) = ___	4 (– 0) = ___	5 (– 3) = ___
10 (– 2) = ___	9 (– 5) = ___	8 (– 3) = ___
8 (– 6) = ___	7 (– 6) = ___	9 (– 2) = ___

③ Wie wurde gehüpft?

6 (+ 2) = 8 | 5 ( ) = 2 | 1 ( ) = 0

4 ( ) = 10 | 6 ( ) = 1 | 7 ( ) = 3

④ Wie heißt die Startzahl?

6 (+ 2) = 8 | ___ (− 1) = 7 | ___ (− 4) = 5

___ (+ 1) = 5 | ___ (− 4) = 1 | ___ (− 6) = 2

___ (+ 3) = 10 | ___ (− 3) = 4 | ___ (+ 3) = 4

___ (+ 6) = 9 | ___ (− 2) = 5 | ___ (+ 8) = 10

⑤ Hüpfe vor und wieder zurück.

6 (+ 4) = 10

10 (− 4) = 6

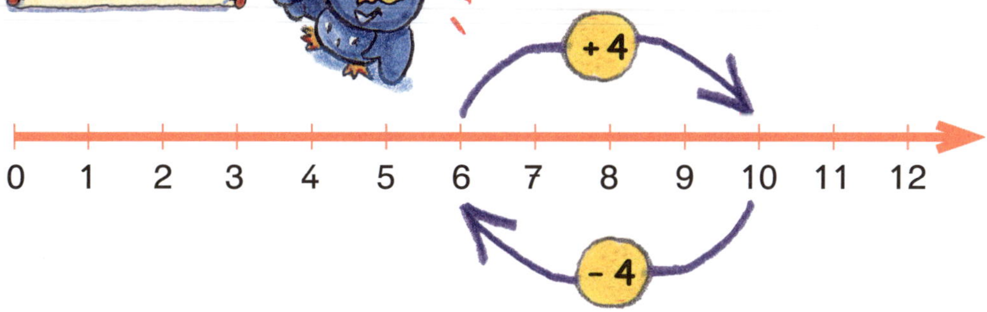

3 (+ 2) = ___ | 8 (+ 1) = ___ | 2 (+ 5) = ___

5 (− 2) = ___ | 9 (− 1) = ___ | ___ (− 5) = ___

4 (+ 5) = ___ | 1 (+ 7) = ___ | 5 (+ 3) = ___

___ | ___ | ___

3 ——( )——→ 5

① **Zaubere in der gleichen Maschine.**

+ 2 →	
3	5
4	
6	
2	

+ 2 →	
7	
1	
8	
5	

② **Zaubere in anderen Maschinen.**

+ 3 →	
2	
5	
7	
3	

– 4 →	
10	
4	
8	
7	

③ **Wie heißt die Vorschrift?**

( ) →	
3	4
8	
	10
1	

( ) →	
9	2
8	
	0
	3

( ) →	
4	10
3	
	6
2	

( ) →	
5	5
	8
3	
	0

① Finde zu den Zahlen auf den Karten alle 4 Aufgaben.

5 2 7

5 + 2 = 7
2 + 5 = 7
7 − 2 = 5
7 − 5 = ___

1 7 8

1 + 7 = ___
7 + 1 = ___
8 − 1 = ___
8 − ___ = ___

6 3 9

6 + 3 = ___
3 + ___ = ___
9 − 3 = ___
9 − ___ = ___

4 7 3

4 + 3 = ___
3 + ___ = ___
7 − 3 = ___
7 − ___ = ___

2 10 8

2 + ___ = ___
8 + ___ = ___
10 − 8 = ___
___ − ___ = ___

9 4 5

4 + ___ = ___
___ + ___ = ___
9 − ___ = ___
___ − ___ = ___

2 Für Mathe-Super-Stars! Welche Zahl fehlt?

3 ? 5

___ + ___ = ___
___ + ___ = ___
___ − ___ = ___
___ − ___ = ___

___ + ___ = ___
___ + ___ = ___
___ − ___ = ___
___ − ___ = ___

Erzähle.
Verbinde Rechnung und Bild.
Rechne.

8 – 3 = ___

2 + 5 = ___

2 + 4 = ___

$6 + 3 =$ ___

$6 - 3 =$ ___

$5 - 1 =$ ___

Denke dir selbst Rechengeschichten aus. Male Bilder und schreibe die Rechnungen auf.

① Vorderseite – Rückseite. Was gehört zusammen? Verbinde.

② Wie viel Geld ist es?

___ €

___ €

___ €

③ Ergänze auf 10 €.
Wie viel Geld fehlt?

___ €

___ €

___ €

④ Wechsele in Schein oder Münze.

 = ◯

 = ▭

 = ▭

⑤ In welche Münzen wurde gewechselt?

 = ◯ ◯ ◯ ◯ ◯

 = ◯ ◯ ◯

 = ◯ ◯ ◯ ◯

 = ◯ ◯

⑥ Vergleiche: ⧀ ⧁ ⊜.

___ € ◯ ___ €

___ € ◯ ___ €

⑦ Rechne.

2 € + 3 € = ___ €

5 € + 4 € = ___ €

4 € + 2 € = ___ €

8 € + 1 € = ___ €

10 € – 5 € = ___ €

5 € – 2 € = ___ €

6 € – 3 € = ___ €

8 € – 7 € = ___ €

⑧

4 € + 3 € + 2 € + 1 € = ___ €

5 € + 2 € + 1 € + 2 € = ___ €

1 € + 3 € + 5 € = ___ €

4 € + 2 € + 2 € = ___ €

Auf dem Zauberer-Flohmarkt

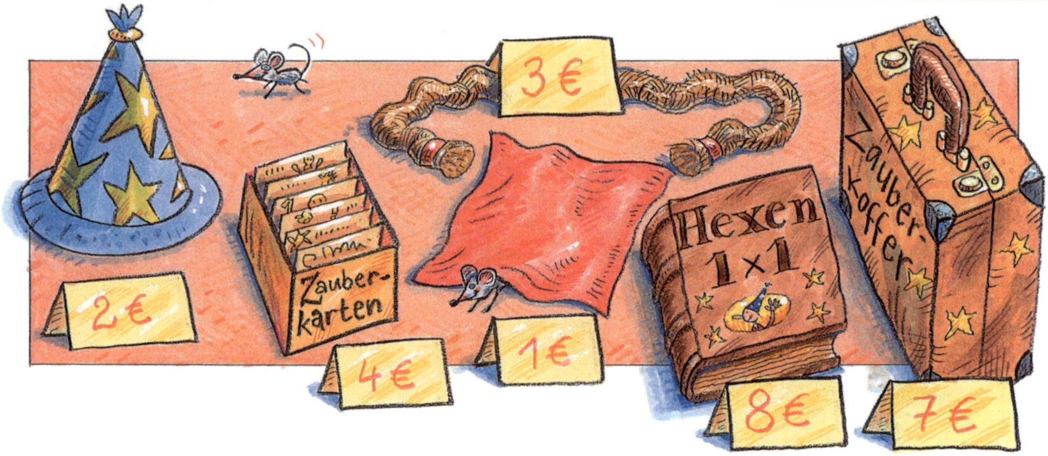

① Wie viel müssen die Kinder bezahlen?

Jonathan kauft:  2 € + __ € = ____ €	Katharina kauft: 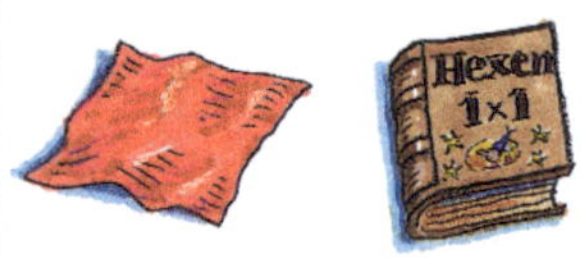 __ € + __ € = ____ €	Florian kauft:  __ € + __ € = ____ €
Anna kauft:  __ € + __ € = ____ €	Pia kauft: 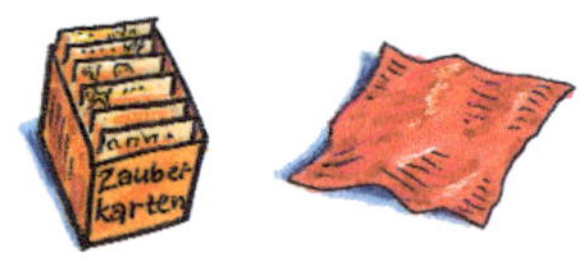 __ € + __ € = ____ €	Carolin kauft: 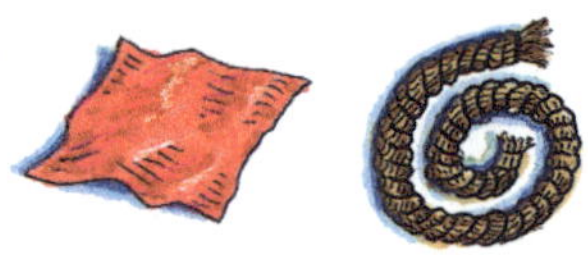 __ € + __ € = ____ €

② Wofür bezahlst du 6 €?
Kreuze an ☒.

☐ 

☐ 

☐ 

③ Wofür bezahlst du 7 €?
Kreuze an ☒.

☐ 

☐ 

☐ 

③ Wie viel bekommst du zurück?

Ich kaufe:	Ich gebe:	Rückgeld:

④ Magdalena kauft die Zauberkarten. Sie bezahlt mit einem 10-€-Schein.

Wie viel bekommt sie zurück? ______________________________

Sie bckommt ____ € zurück.

⑤ Kaufe mehrere Dinge.

Ich kaufe:	Ich gebe:	Rückgeld:

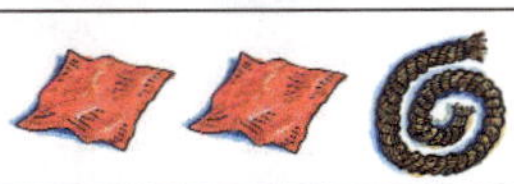		

Erzähle zu den Bildern.
Verbinde die Rechnung mit dem passenden Bild.

1

5 + 5 = ___

2

6 – 1 = ___

3

4 + 4 = ___

4

8 – 2 = ___

5 **Schreibe für jedes übrige Bild die passende Rechnung.**

① ______________________ ③ ______________________

② ______________________ ④ ______________________

1 **Welcher Wohnwagen gehört zu welchem Auto? Verbinde.**

2 **Schreibe die kleine Aufgabe dazu. Rechne.**

14 + 3 = ___	4 + 3 = ___	11 + 8 = ___	___ + ___ = ___
12 + 5 = ___	___ + ___ = ___	13 + 7 = ___	___ + ___ = ___
15 + 4 = ___	___ + ___ = ___	17 + 3 = ___	___ + ___ = ___

3 **Denke an die kleine Aufgabe.**

16 + 2 = ___	15 + 3 = ___	11 + 6 = ___	14 + 3 = ___
12 + 6 = ___	18 + 2 = ___	15 + 4 = ___	12 + 7 = ___
13 + 4 = ___	14 + 5 = ___	17 + 2 = ___	16 + 4 = ___

④ **Verbinde.**

⑤ **Schreibe die kleine Aufgabe dazu. Rechne.**

14 – 3 = ___	4 – 3 = ___	19 – 5 = ___	___ – ___ = ___
15 – 2 = ___	___ – ___ = ___	17 – 4 = ___	___ – ___ = ___
18 – 6 = ___	___ – ___ = ___	16 – 6 = ___	___ – ___ = ___

⑥ **Denke an die kleine Aufgabe.**

19 – 2 = ___	16 – 4 = ___	14 – 3 = ___	16 – 2 = ___
17 – 5 = ___	13 – 3 = ___	19 – 7 = ___	15 – 4 = ___
18 – 3 = ___	17 – 6 = ___	18 – 5 = ___	19 – 3 = ___

1

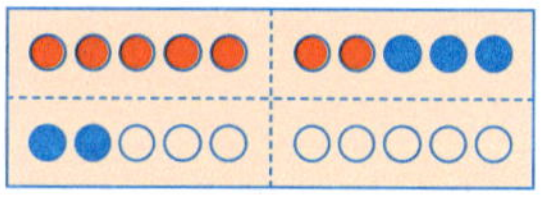

7 + 5 = ___
7 + 3 + 2 = ___

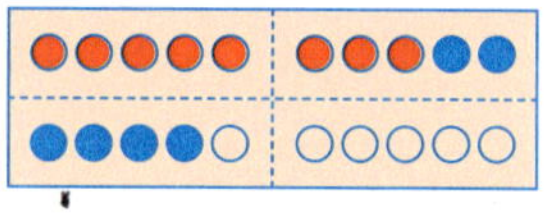

8 + 6 = ___
8 + 2 + 4 = ___

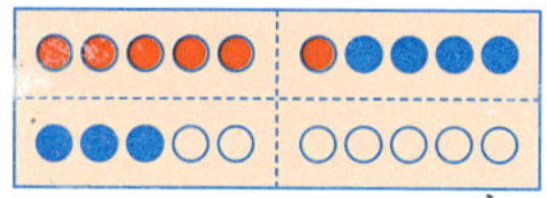

6 + 7 = ___
6 + 4 + 3 = ___

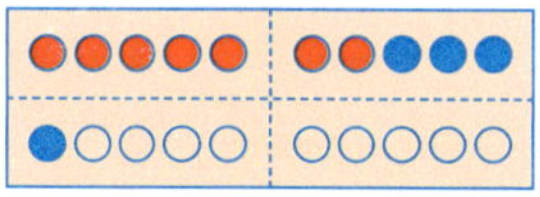

7 + 4 = ___
7 + ___ + ___ = ___

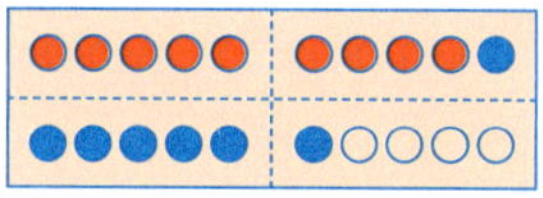

9 + 7 = ___
9 + ___ + ___ = ___

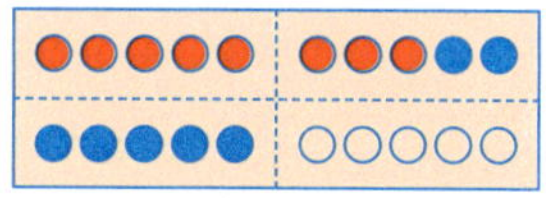

8 + ___ = ___
8 + ___ + ___ = ___

2

5 + 6 = ___
5 + ___ + ___ = ___

8 + 4 = ___
8 + ___ + ___ = ___

9 + 3 = ___
9 + ___ + ___ = ___

6 + 8 = ___
6 + ___ + ___ = ___

9 + 6 = ___
9 + ___ + ___ = ___

5 + 9 = ___
5 + ___ + ___ = ___

8 + 9 = ___
8 + ___ + ___ = ___

2 + 9 = ___
2 + ___ + ___ = ___

7 + 8 = ___
7 + ___ + ___ = ___

3

6 + 5 = ___	5 + 8 = ___	7 + 7 = ___
8 + 5 = ___	9 + 8 = ___	6 + 6 = ___
9 + 4 = ___	6 + 9 = ___	5 + 7 = ___
7 + 6 = ___	9 + 2 = ___	8 + 7 = ___

4

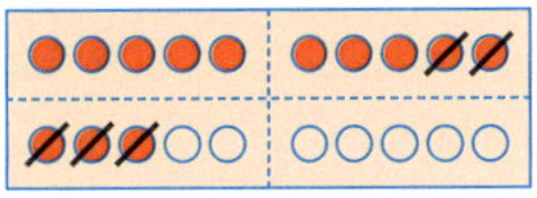

13 – 5 = ___
13 – 3 – 2 = ___

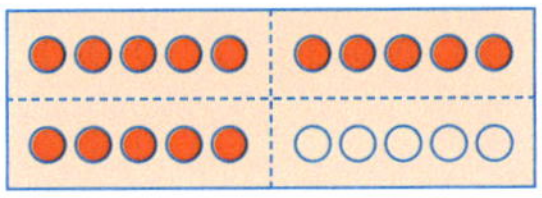

15 – 6 = ___
15 – 5 – 1 = ___

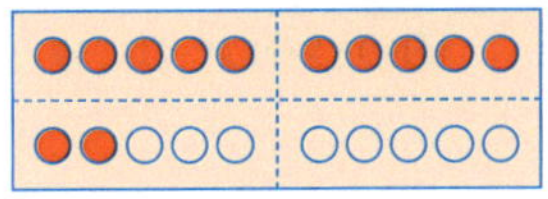

12 – 4 = ___
12 – 2 – 2 = ___

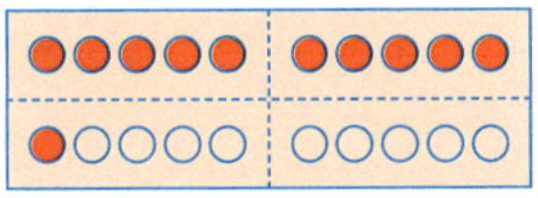

11 – 3 = ___
11 – ___ – ___ = ___

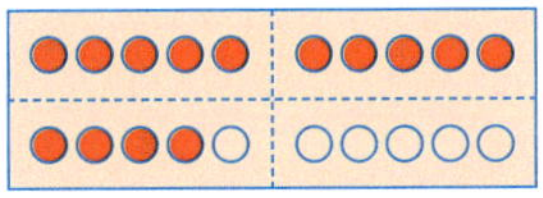

14 – 7 = ___
14 – ___ – ___ = ___

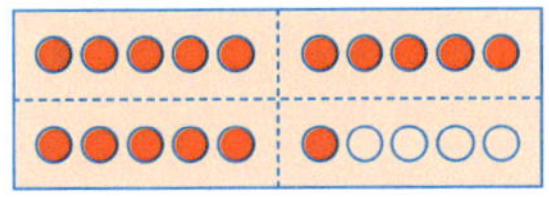

16 – 8 = ___
16 – ___ – ___ = ___

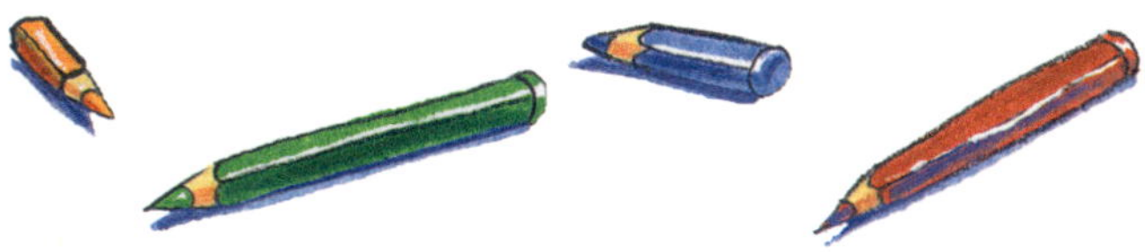

5

13 – 6 = ___
13 – ___ – ___ = ___

11 – 4 = ___
11 – ___ – ___ = ___

15 – 8 = ___
15 – ___ – ___ = ___

14 – 6 = ___
14 – ___ – ___ = ___

12 – 3 = ___
12 – ___ – ___ = ___

16 – 9 = ___
16 – ___ – ___ = ___

11 – 7 = ___
11 – ___ – ___ = ___

13 – 8 = ___
13 – ___ – ___ = ___

12 – 9 = ___
12 – ___ – ___ = ___

6

11 – 5 = ___
15 – 7 = ___
17 – 9 = ___
12 – 5 = ___

14 – 5 = ___
15 – 9 = ___
11 – 6 = ___
13 – 7 = ___

12 – 7 = ___
17 – 8 = ___
12 – 8 = ___
16 – 7 = ___

Ein Spiegel hilft!

1 Verdoppeln

a)

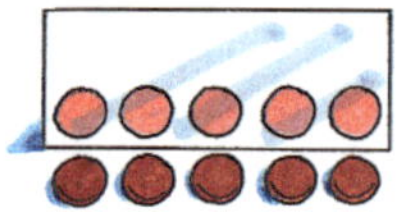

5 + 5 = ___

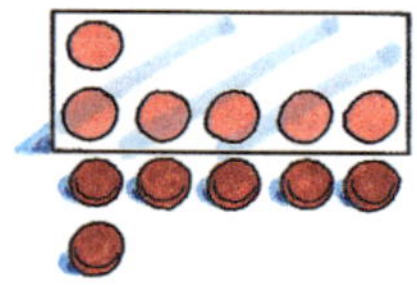

___ + ___ = ___

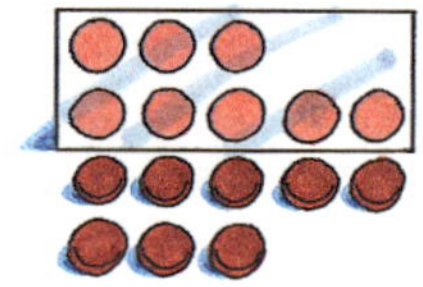

___ + ___ = ___

b)

2 + 2 = ___ 4 + 4 = ___ 6 + 6 = ___ 9 + 9 = ___

7 + 7 = ___ 0 + 0 = ___ 8 + 8 = ___ 10 + 10 = ___

c)

Zahl	3	6	1	10	5	7	9	2	0	4	8
das Doppelte											

2 Halbieren

a)

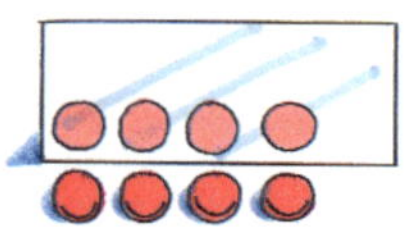

8 = 4 + 4

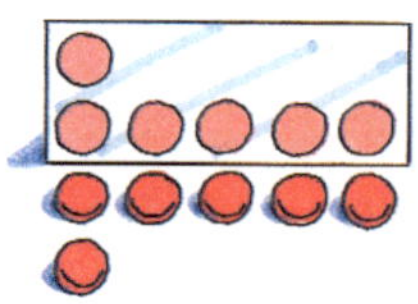

12 = ___ + ___

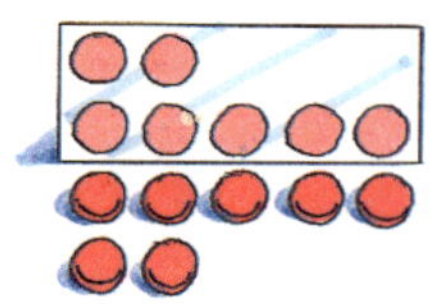

___ = ___ + ___

b)

6 = ___ + ___ 4 = ___ + ___ 20 = ___ + ___

2 = ___ + ___ 10 = ___ + ___ 14 = ___ + ___

c)

Zahl	8	2	6	10	16	0	20	18	4	14	12
die Hälfte											

Setze die Muster fort.

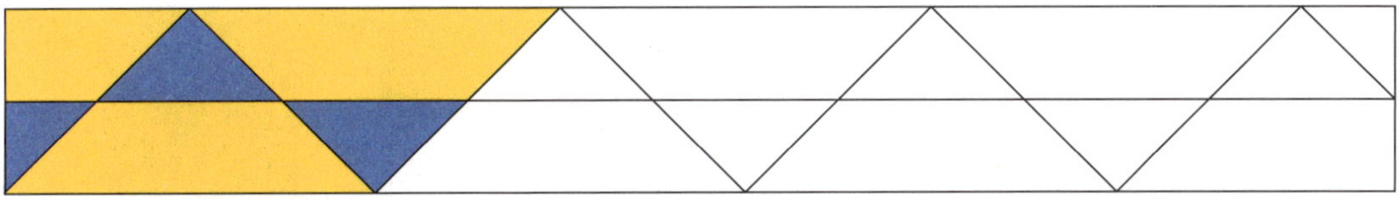

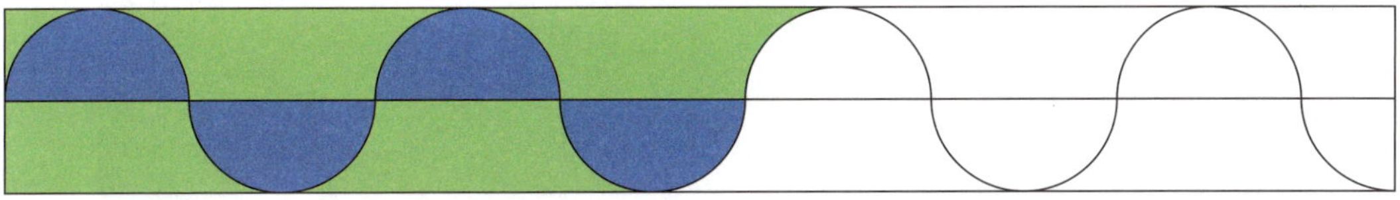

①

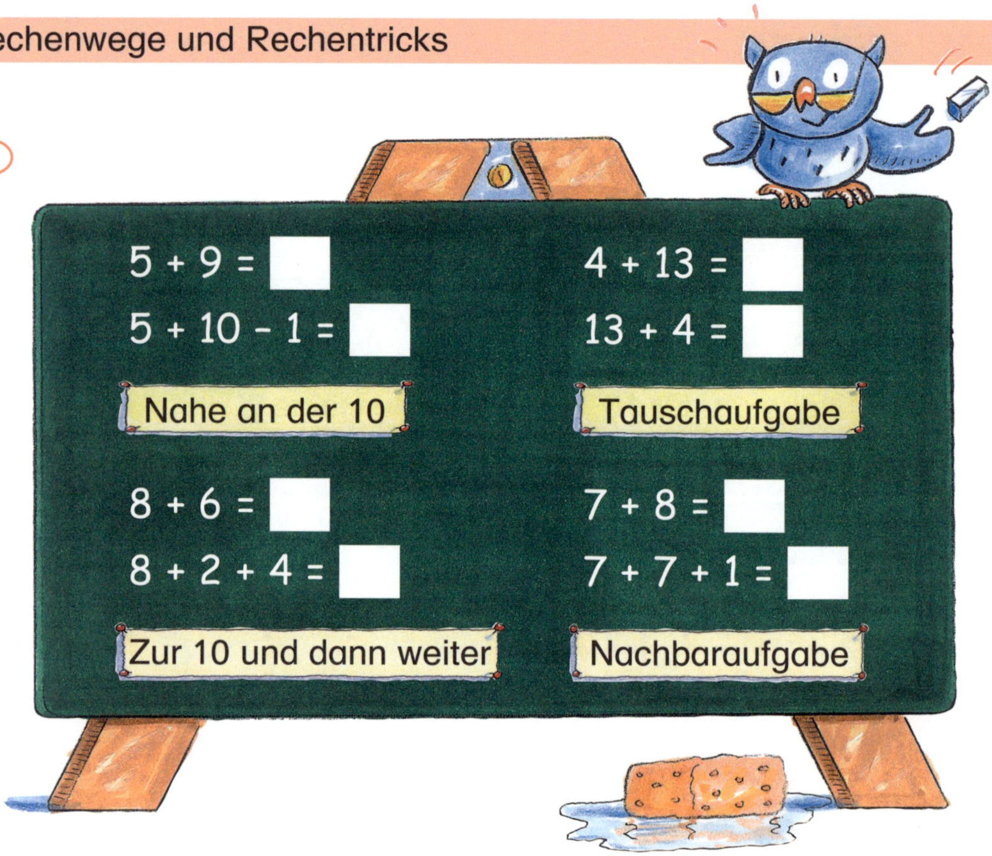

② **Rechne auf deinem Weg.**

3 + 8 = ___	8 + 9 = ___	8 + 7 = ___
6 + 7 = ___	7 + 9 = ___	8 + 4 = ___
5 + 8 = ___	5 + 12 = ___	7 + 6 = ___
8 + 6 = ___	9 + 7 = ___	4 + 15 = ___
3 + 9 = ___	6 + 8 = ___	9 + 6 = ___

③

④ **Rechne auf deinem Weg.**

12 – 9 = ___

17 – 8 = ___

14 – 6 = ___

14 – 7 = ___

12 – 5 = ___

16 – 8 = ___

12 – 6 = ___

15 – 9 = ___

13 – 5 = ___

15 – 8 = ___

14 – 9 = ___

14 – 8 = ___

18 – 9 = ___

16 – 7 = ___

13 – 7 = ___

Zaubern mit dem Murmelsack

1

___ + 2 = 19

___ + 5 = 17 ___ − 5 = 13 ___ + 7 = 20

___ + 4 = 16 ___ − 2 = 15 ___ − 1 = 17

2 **Zeichne die Rechnung.**

___ + 5 = 18

___ − 3 = 14

___ + 4 = 16

___ − 2 = 17

3 **Schreibe die Rechnung dazu.**

	Ich gebe 5 Murmeln dazu.	Jetzt sind es 19.	
	Ich nehme 3 Murmeln heraus.	Jetzt sind es 14.	
	Ich nehme 1 Murmel heraus.	Jetzt sind es 17.	

4

18 ◯ ___ = **16**

14 ◯ ___ = 16　　13 ◯ ___ = 18　　15 ◯ ___ = 19

16 ◯ ___ = 11　　12 ◯ ___ = 15　　12 ◯ ___ = 10

5 Was wurde gezaubert?

17 ◯ ___ = 15

16 ◯ ___ = 20

18 ◯ ___ = 12

12 ◯ ___ = 15

6 Schreibe die Rechnung dazu.

Ich habe 17 Murmeln in meinem Sack.	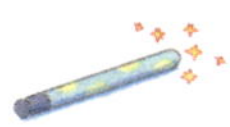	Jetzt sind es 13.	
Ich habe 12 Murmeln in meinem Sack.	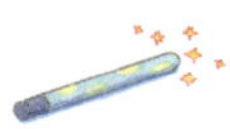	Jetzt sind es 18.	
Ich habe 14 Murmeln in meinem Sack.	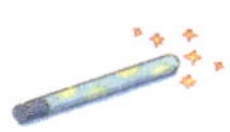	Jetzt sind es 10.	

Rechenrätsel am Zahlenband

① **Trage die fehlenden Zahlen in das Zahlenband ein.**

② **Wo lande ich? Schreibe die Rechnung auf.**

Ich starte auf der 11 und springe 5 Felder vor. 11 + 5 = ____

Ich starte auf der 8 und springe 6 Felder vor. ____________

Ich starte auf der 9 und springe 2 Felder zurück. ____________

Ich starte auf der 15 und springe 7 Felder zurück. ____________

③ **Wo bin ich gestartet?**
Schreibe die Rechnung auf.

Ich bin 3 Felder vorwärts gesprungen,

jetzt bin ich auf der 15. ____ + 3 = 15

Ich bin 6 Felder vorwärts gesprungen,

jetzt bin ich auf der 11. ______________

Ich bin 2 Felder rückwärts gesprungen,

jetzt bin ich auf der 16. ______________

Ich bin 5 Felder rückwärts gesprungen,

jetzt bin ich auf der 9. ______________

④ Meine Zahl liegt zwischen 8 und 12 und ist gerade.

Sie heißt ___.

Meine Zahl liegt 2 Felder links von der 11.

Sie heißt ___.

Meine Zahl liegt genau in der Mitte zwischen 12 und 16.

Sie heißt ___.

Meine Zahl liegt zwischen 6 und 8.

Sie heißt ___.

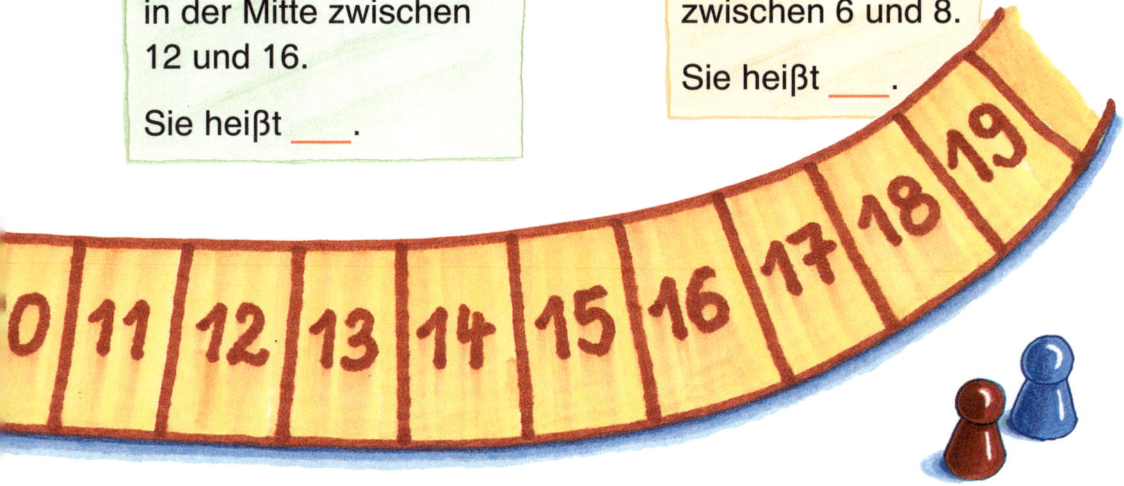

⑤ **Wie bin ich gesprungen?**

Ich starte auf der 4 und lande auf der 8. 4 ________ = 8

Ich starte auf der 12 und lande auf der 7. ____________

Ich starte auf der 9 und lande auf der 11. ____________

Ich starte auf der 13 und lande auf der 5. ____________

Für Mathe-Super-Stars!

6 a) Ich starte auf der 7, springe 5 Felder vor, dann 2 zurück.

Wo bin ich? ______________________________

b) Ich starte auf der 5, mache 2 gleich weite Sprünge und lande auf der 9.

Wie bin ich gesprungen? ______________________________

Mit Cent knobeln und rechnen

1 **Vorderseite – Rückseite. Was gehört zusammen? Verbinde.**

2 **Wieviel Geld ist es?**

___ ct

___ ct

___ ct

___ ct

___ ct

___ ct

3 **Wechsele.**

 =

 =

 =

 =

 =

 =

4 **In welche Münzen wurde gewechselt?**

= ◯ ◯ ◯ ◯

= ◯ ◯ ◯

= ◯ ◯ ◯ ◯

= ◯ ◯ ◯ ◯ ◯

5 **Vergleiche:** ⧀ ⧁ ⊜.

___ ct ◯ ___ ct ___ ct ◯ ___ ct

6 **Rechne.**

2 ct + 1 ct = ___ ct

15 ct + 2 ct = ___ ct

4 ct + 12 ct = ___ ct

2 ct + 6 ct = ___ ct

10 ct + 5 ct = ___ ct

5 ct + 7 ct = ___ ct

9 ct + 3 ct = ___ ct

7 ct + 8 ct = ___ ct

7 4 ct + 3 ct + 7 ct + 1 ct = ___ ct

2 ct + 5 ct + 11 ct + 1 ct = ___ ct

12 ct + 1 ct + 5 ct = ___ ct

8 ct + 2 ct + 5 ct = ___ ct

1

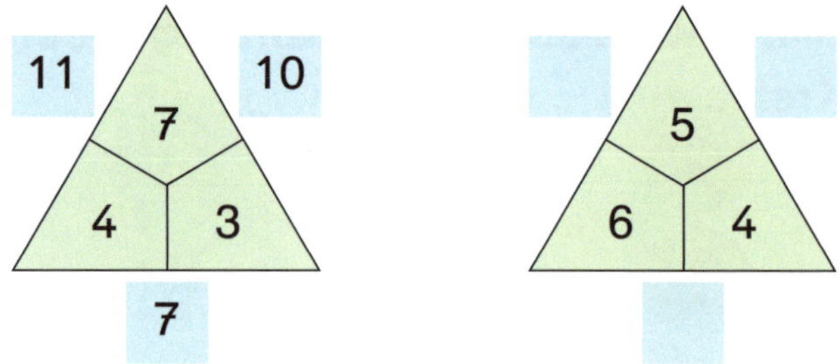

2

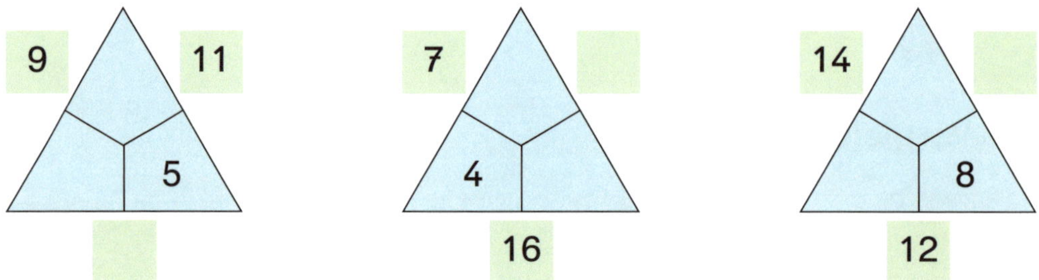

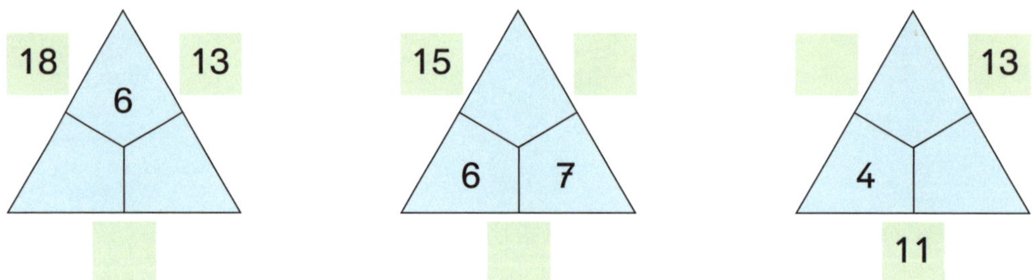

3 Bei jedem Rechendreieck ist eine Zahl falsch. Verbessere.

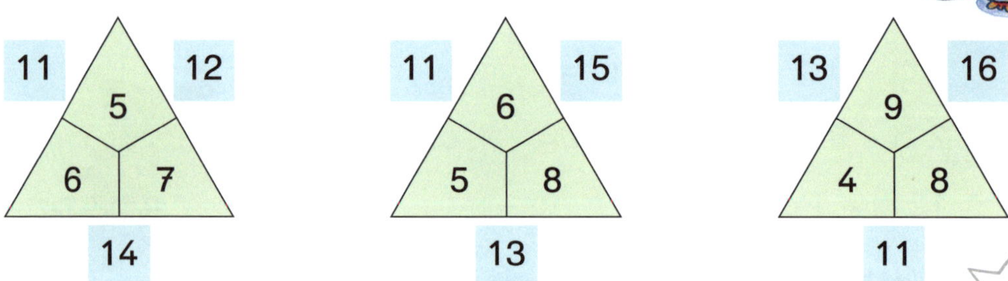

Wie viele Waldtiere haben sich versteckt?
Kreise ein.

Es haben sich ___ Tiere versteckt.

Zu jeder Geschichte gehören ein Bild und eine Rechnung.

1	Auf dem Parkplatz stehen schon 8 Autos. 3 Autos kommen noch dazu.
2	Auf dem Parkplatz standen 9 Autos. Jetzt fahren 2 Autos weg.

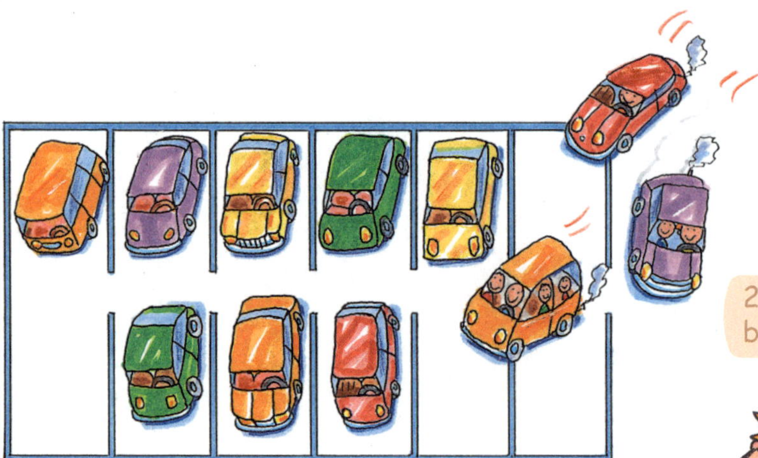

	9 + 2 =		9 – 2 =
	8 + 3 =		8 – 3 =

3	Im Schulbus waren 19 Kinder. 8 Kinder steigen an der Grundschule aus.

4	Im Schulbus sitzen bereits 12 Kinder. 4 Kinder steigen noch ein.

Auch hier bleiben
2 Rechnungen übrig!

	12 + 4 =
	9 + 8 =

	12 – 4 =
	19 – 8 =

Für Mathe-Super-Stars!

Löse auch die übrigen Rechnungen.
Erzähle Geschichten und male Bilder.

Zahlenmauern

① **Wie heißen die Zahlen auf den leeren Steinen?**

② **Gleiche Grundsteine – verschiedene Mauern**

③ **Welche Zahlen fehlen?**

④ **Große Mauern**

1

4 + 6 = ___	5 + 5 = ___	13 – 3 = ___	16 – 7 = ___
4 + 7 = ___	5 + 6 = ___	13 – 4 = ___	16 – 8 = ___
4 + 8 = ___	5 + 7 = ___	13 – 5 = ___	16 – 9 = ___
6 + 7 = ___	8 + 4 = ___	15 – 5 = ___	14 – 7 = ___
6 + 8 = ___	8 + 5 = ___	15 – 6 = ___	14 – 8 = ___
6 + 9 = ___	8 + 6 = ___	15 – 7 = ___	14 – 9 = ___

2

3 **Rechne geschickt.**

4 + 7 + 6 = ___	4 + 8 + 6 = ___	14 – 7 – 4 = ___
8 + 6 + 2 = ___	3 + 9 + 7 = ___	17 – 9 – 7 = ___
7 + 8 + 3 = ___	6 + 7 + 4 = ___	16 – 8 – 6 = ___

Lies die Geschichte und erzähle zum Bild.
Löse die Aufgabe.

① Thomas hat 14 € gespart.
Seine Tante schenkt ihm noch 5 €.
Wie viel Geld hat er jetzt?

Rechnung: ______________________

Antwort: Er hat jetzt ___ €.

② Auf dem Flohmarkt verkauft Michael ein Spiel für 4 €, ein Buch für 3 € und Schlittschuhe für 8 €.
Wie viel Geld hat er eingenommen?

Rechnung: ______________________

Antwort: Er hat ___ € eingenommen.

③ Clara kauft sich ein Taschenbuch für 9 €.
Sie bezahlt mit einem 20-€-Schein.
Wie viel Geld bekommt sie zurück?

Rechnung: ______________________

Antwort: Sie bekommt ___ € zurück.

4. Sabine hat eine Schachtel mit 12 Schokoküssen.
Nach einer Woche sind noch 5 Schokoküsse in der Schachtel.
Wie viele hat sie schon gegessen?

Rechnung: ______________________________

Antwort: Sie hat ___ Schokoküsse gegessen.

5 Florian verteilt an seinem Geburtstag eine Schachtel mit 12 Schokoküssen und eine Schachtel mit 8 Schokoküssen.

a) Wie viele Schokoküsse hat er verteilt?

Rechnung: ______________________________

Antwort: Er hat ___ Schokoküsse verteilt.

b) Jedes Kind hat 2 Schokoküsse bekommen.
Wie viele Kinder waren es?

Rechnung: ______________________________

Antwort: Es waren ___ Kinder.

Finde die Rechenfrage und die passende Rechnung.
Kreuze an ☒ und rechne.

① 16 Kinder warten bereits in der Turnhalle,
2 Kinder ziehen sich noch um.

☐ Wie viele Jungen sind in der Turnhalle?

☐ Wie viele Kinder sind es insgesamt?

☐ Wie viele Kinder sind heute krank?

☐ 16 + 2 = ___ ☐ 16 – 2 = ___ ☐ 10 + 6 = ___

② Für den Schwimmunterricht wurden insgesamt 18 Kinder angemeldet.
Heute fehlen aber 3 Mädchen.

☐ Wie lange dauert der Schwimmunterricht?

☐ Wie viele Kinder können schwimmen?

☐ Wie viele Kinder nehmen heute am Schwimmunterricht teil?

☐ 18 + 3 = ___ ☐ 18 – 3 = ___ ☐ 18 – 8 = ___

③ Am Klettergerüst turnen 7 Kinder,
4 Kinder sind an der Schaukel,
5 Kinder warten an der Rutsche.

- ☐ Wie viele Kinder sind im Sandkasten?
- ☐ Wie viele Kinder sind auf dem Spielplatz?
- ☐ Wie alt sind die Kinder?

☐ 7 + 4 + 5 = ____ ☐ 7 – 4 = ____

☐ 5 + 7 = ____

④ 15 Kinder treffen sich um 15 Uhr zum Fußball-Training.
4 Kinder werden um 16 Uhr abgeholt,
2 Kinder gehen um 16.30 Uhr zum Bus.
Alle anderen Kinder trainieren bis 17 Uhr.

- ☐ Wie viele Kinder bleiben bis 17 Uhr?
- ☐ Wie heißt der Fußballverein?
- ☐ Wie viele Mädchen spielen mit?

☐ 15 + 4 + 2 = ____

☐ 15 – 4 – 5 = ____

☐ 15 – 4 – 2 = ____

① **Kennst du beide Uhrzeiten?**

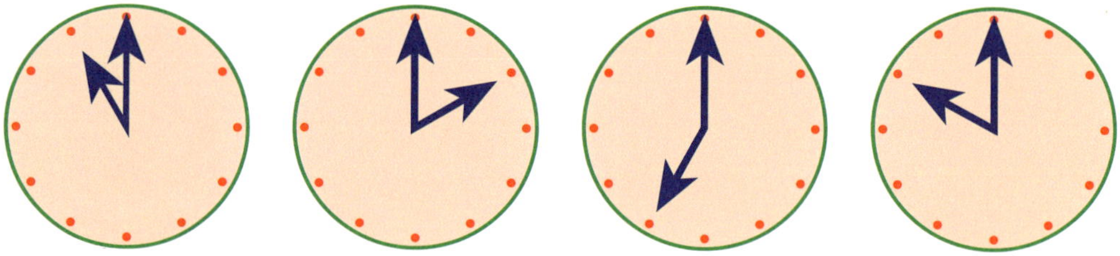

11 Uhr	___ Uhr	___ Uhr	___ Uhr
23 Uhr	___ Uhr	___ Uhr	___ Uhr

② **Trage die Zeiger in die Uhr ein.**

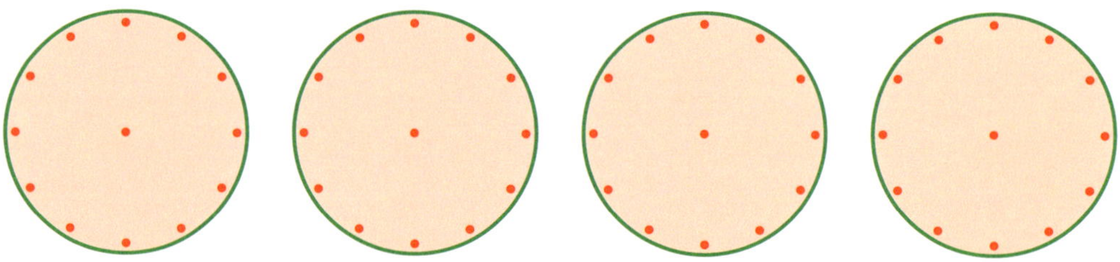

17 Uhr 3 Uhr 12 Uhr 6 Uhr

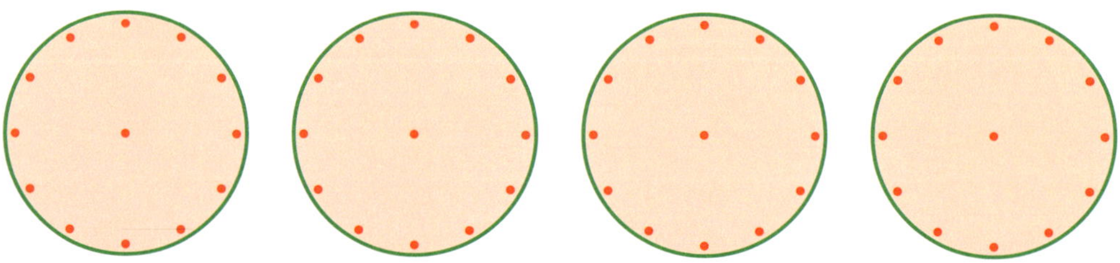

21 Uhr 2 Uhr 13 Uhr 8 Uhr

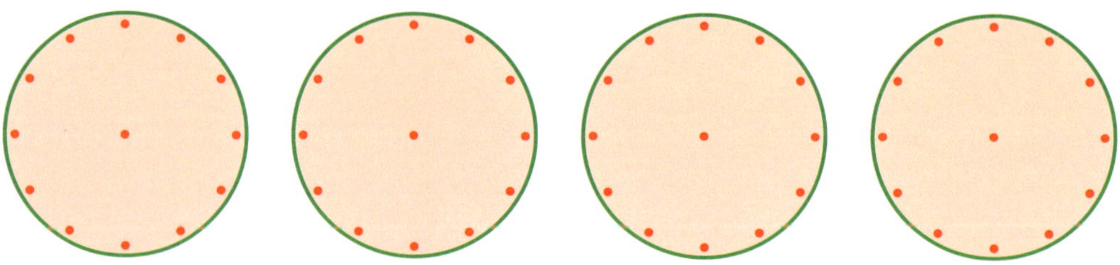

16 Uhr 20 Uhr 0 Uhr 15 Uhr

③ Verbinde die Uhren mit gleicher Uhrzeit.

④ Welche Zahl wird hier angezeigt?

 = ___  = ___  = ___  = ___  = ___

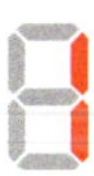 = ___  = ___  = ___  = ___  = ___

⑤ Ergänze die fehlenden Zeiten!

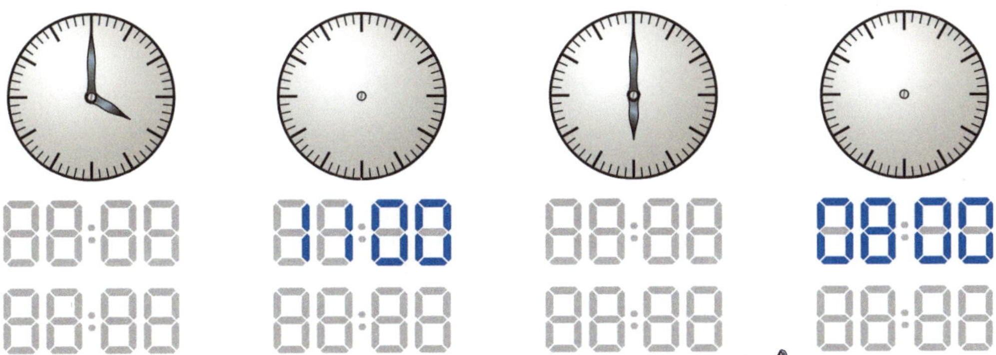

Male blau, was zur Zahl gehört!

Trage die fehlenden Zahlen ein.

1	2	3	4	5	6	7	8	9	10
11	12	13	14	15	16	17	18	19	20
21				25	26				30
	32	33	34			37	38	39	
41			44	45			48		50
	52		54		56			59	60
61		63		65	66	67			
	72			75			78		
81			84	85		87			90
		93	94		96		98	99	

Vorschlag für ein Spiel:

- Lege 10 Gummibärchen auf verschiedene Zahlen.
- Würfle und rücke vor.
- Triffst du auf ein Bärchen, nenne die Zahl und es gehört dir.